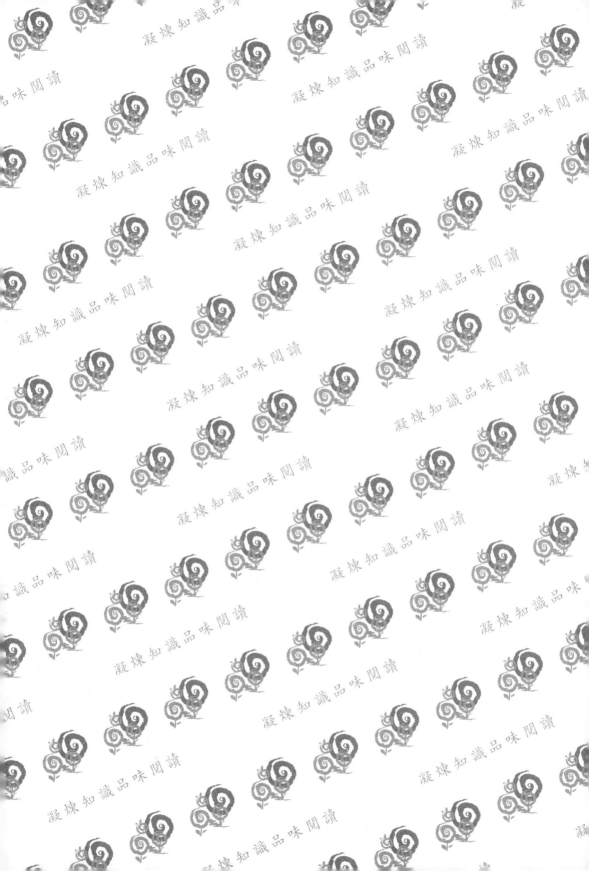

研究&方法　從觀念理解資料結構

五南出版

不被程式語言所綁架，觀念掌握一點就通！

秒懂資料結構

施保旭　著

單元架構完整不囉嗦，學習壓力OUT！

五南圖書出版公司 印行

序

　　對於以資訊為核心的理工系所而言，「資料結構」是核心課程，是許多專業課程的基礎；對於以資訊為應用或工具的整合性系所而言，「資料結構」則是將工具發揮至極致，甚至能拉出與其他競爭者差距的必修課程；在就業考試或國考中，只要和資訊沾上邊，即使沒有考科叫「資料結構」，只要考「計算機概論」或是「電腦概論」，資料結構實際便在其中扮演很重要的角色。

　　以前念書時，教授很喜歡玩數學，到了期末課本只上了半本。為了升學，我蒐集了一堆課本，從頭到尾努力的啃過，在這過程中，圖解（包括演算法的流程圖以及測試案例的分解動作圖）成了最大幫手，克服了近乎自學的困境。到了職場，歷經技術研發、產品開發、系統整合、專案管理，到今日以誤人子弟為業，逐漸體驗到唯有真正理解過的才能帶著走。教了多年的「資料結構」，每年換一本課本，總不合意。今年暑假，在聖嬰現象的溽暑中，終於下定決心自己寫一本，將多年來累積的筆記與教學講義加以文字化。市面上「資料結構」的產品已多如過江之鯽，為什麼還要再來寫一本？為了思考其存在價值，我決定這本書的特色是：

　　• 不貪多、不求快：我們寧可將時間、篇幅花在核心議題的觀念介紹，以及用不同的角度以生活化的話題來做比擬，聯繫生活經驗，目的是讓讀者能確切的掌握這些觀念，甚至在必要時，可以用他自己的語言重述這些觀念。

　　• 不被任何程式語言所綁架：資料結構的多寡以及支援資料結構實作的強弱，本就是不同程式語言演化時的重點。因此，當一本書採用特定一種程式語言來介紹資料結構的主題時，其內容便被該語言所綁架，該語言未支援的無法討論，能討論的在其他語言又未必和書上所說的相同。用電腦程式來解釋資料結構，又往往將資料結構的問題，轉變成了程式設計的問題。即使在實務上，演算法的設計者與程式的寫作者往往是不同人。實務如此，學習時又何必要求學習者必須二項功力同時兼備？「設計」與「製作」的分開，往往是加速進步的一個關鍵。因此，我們捨棄用電腦語言來做例子的作法，而將重點放在觀念上。觀念掌握了，如何寫成程式是程式設計功力的問題，

而程式設計的功力高低，不該成為學習資料結構的入門門檻。

• 不限於以資工／資科的專業生為想像讀者：坊間許多書籍雖未明言適合對象，實際均以資工／資科背景的學習者為假想讀者，因此，對於其他在程式設計上受訓有限的人而言，讀起來便是一件苦差事。甚至，許多學習者修習一門課並不是因為他要以此作為進修或職場工作目標，而是因為在整體課程設計中，它是核心課程，同學必須修習，否則在團隊合作中將與另一項專長的人無法溝通。此時，他們需要的是觀念的理解，而非程式寫作。在整合性的科系越來越多時，面臨此困境的學生也越來越多。事實上，這些年來，由於對客製化、介面調適化，以及功能延伸性的重視，越來越多的軟體提供了它自己的「描述語言」（Script Language），使用者可以使用這些語言把原來的軟體當作平台，而進行二次開發，許多二次開發人員均不是資工／資科背景。我們希望達到的境界是，資工／資科背景的讀者可以知其然亦知所以然，其他讀者則可以掌握資料結構的精神與設計技巧。總之，我們假設的讀者是「學習上或是工作上，需要寫程式或是需要與寫程式的人共事者」。

• 盡量延後術語的定義：任何一門發展已久的學問常常面臨的一個問題是「專業術語」相當的多。此現象的主要原因是早期有些觀念是在不同領域中發展，後來才逐步匯流，而各家的術語依然殘留，甚至有一義多詞的情形。基本上，對於術語的定義，我們將盡量推遲，需要用到時才加以定義，甚至直接以案例說明該術語的意涵，以免徒增困擾。

• 仔細切割材料，縮小各章的規模，同時使其定位更加明確。有些較具技術性或數學推演的課題，則把它們放到習題中，然後於習題參考解答中去詳析它。這樣設計的目的很簡單：減少蔓藤效應。學習理論曾指出，一項學習的剛開始以及結束前的一小段時間學習效果最好，我們的設計便是要製造最多的「開始」和「結束」，也避免因學習單元過長所引起的學習焦慮感。

這是一本學習、實證、與教學之後的反芻之作，希望能獲得期待中的效用，讓喜歡或不喜歡「資料結構」的學習者均能接受。期待各方的指正。

目　錄

1

程式的效率

	0	1	2	3	4	5	6
0	1	1	1	1	1	1	1
1	1	1	0	0	0	1	1
2	1	*	0	1	0	1	1
3	1	1	1	0	0	0	1
4	1	1	0	0	1	0	1
5	1	1	1	1	1	0	1
6	1	1	1	1	1	1	1

程式處理的資料一般不是孤立的，它們大多是一整批的出現，而且呈現各種不同的相關性，電腦面對的問題並不只是數值的計算而已。研究不同資料間所呈現的不同相關性或樣態，便可以找出有效運用它們的方法。

1.1 為何要學資料結構

在學習任何一門學問（甚至只是一門課）時，第一個要釐清的問題就是：為什麼要學它？弄清楚這個問題除了可以讓我們判斷此門課在自己的學習地圖中的重要性之外，還有一個很重要的功用是幫助我們衡量所學的是不是「已經夠了」。在這個世界中，有太多的學問是有學問的人「造」出來的。任何一位學者都可以把自己所專長的學問說得比什麼都重要。我們認為，只要學者願意投入心力研究，從人類累積知識的角度來說，這些工作都很重要，但是，弄清楚自己的目標以及該學問（或課程）的目的後，學習者才能決定哪些「對自己」而言才是真正的重要。

如同一本教科書翻來覆去考過多次之後，為了避免和考古題雷同，就會設計出冷僻、變化、或是刁鑽的題目。資料結構相關的學問太古老，寫書的人為了和別人有所不同，便不斷的加入一些原先只出現在研究論文上一些瑣碎、特定用途的議題。知道了自己的學習目標之後，你便可以決定深入到何種程度了。

簡單的說，學習資料結構的目的是希望能寫出好程式，或者是判斷程式的好與壞。可是這邊立刻衍生出一個問題：何謂「好程式」？文人相輕，自古為然，寫程式也是一種創作，當然是自己的好。確實好程式的定義很廣，在「**軟體工程**」（Software Engineering）中有更好的定義，因此我們將此目的限縮為「寫出有效率的程式」，或是「研判一個程式是否有效率」。

接下來我們要問一個更基本的問題：為何程式的效率會和資料結構有關？其中主要的關係來源是：電腦處理資料的方式是循序的，它無法

一次將所有的資料全部同時都處理完畢，而是常需要「前一筆」、「下一筆」這類的動作，才能循序逐步將資料處理完成。因此配合不同的處理需求，資料便應該採取不同的存放方式（也就是結構化）以利程式的存取，資料結構的研究於焉而生。

　　針對要解決的問題，程式設計師設計出一步一步的解題步驟，而逐步得到解答。這個按部就班的步驟，我們稱之爲「**演算法**」（Algorithm）。演算法和資料結構彼此相互影響，因此在許多書便同時探討二者。大師 Niklaus Wirth 便將他所寫的一本書命名爲《*Algorithms + Data Structures = Programs*》來強調這一件事實。

　　演算法與資料結構的設計有些和硬體系統設計息息相關，了解一些硬體系統的設計理念，對於軟體的設計亦可提供不少助益。這邊最明顯的例子便是資料的儲存架構。

　　在電腦系統中，由於電子電路的速度越來越快，除了它和機械式驅動的儲存裝置（如硬碟）間的落差越來越大外，CPU（中央處理器）的速度也遠高於主記憶體，於是硬體設計者便在落差較大的地方加上「快取」裝置，以提升整體速度。簡單來說，電腦中對於資料的儲存空間可以列出的清單如下：

1. **CPU 內的暫存器（Register）**：最稀少而寶貴的資源，只存放當下運算中的資料。

2. **快取記憶體（Cache Memory）**：介於 CPU 和主記憶體間的高速記憶體，理論上，CPU 最近馬上會用到的資料暫存於此。

3. **主記憶體（Main Memory）**：程式碼及程式中所用到的所有資料均存放於此。由硬碟讀取出來或是即將寫入硬碟的資料亦暫存於此。

4. **固態硬碟（SSD）**：由靜態記憶體（關掉電源仍可保留資料的記憶體，與主記憶體使用的動態記憶體不同）組成模擬硬碟介面的儲存空間，系統常用或很快便會用到的程式和資料存放於此。

5. 硬碟機（Hard Disk Drive）：所有程式和資料的存放處。

在這張清單中，越往上層，速度越快，單價越高，存放空間也越小，往下則反之。因此，系統運行的基本觀念是，所有的東西都在最底層，必要時才會往上層搬。而在往上搬時，不僅會搬定當時所需的資料，而且會一次搬一個區塊，期待接下來所需的資料便在這塊「預先」搬入的區塊中，如此便可以減少往下層搬資料的次數。

因此程式師在設計程式時，如果能將運算會用到的相關資料放在一起，便可以提升系統的效率。在討論多維陣列的處理時，便可以很清楚的看到這個影響。

1.2　如何判定程式的效率

為了判斷一個程式的效率為何，我們必須引入一個觀念叫「壓力測試」。所謂壓力測試，就是將所有可調整的因子設定成一個最極端的狀況，然後來檢驗受測系統的反應。例如：我們要對辦公室的網路系統進行壓力測試，測試人員除了讓連在網路上的所有設備同時送出大量的網路封包，還要不時的對其進行各種干擾（如雜訊、斷線等等）。

在這裡，我們對程式的壓力測試比較單純，就是：當程式處理的資料量一直飆高時，分析誰的程式先異常？程式異常的兩個主要原因是空間不夠，以及在合理的時間內跑不出來。我們常聽過「以時間換取空間」或是「以空間換取時間」的說法，因此，時間和空間這兩個因子其實是互動的。在進行分析時，也可以分別針對空間或是時間進行分析。由於從方法本身來說，二者的分析並無不同，因此往下我們大多僅著重時間的分析。

各程式間的差異太多，稍具規模的程式，幾乎無法找到二個一模一樣的，因此，在進行比較時，我們是藉由壓力測試的觀念，將程式在壓力測試下的表現分類成幾個等級，只要在同一等級內，我們便認為這些

程式的效率表現不分軒輊。當然，在同一等級內的程式在表現上其實還是有所不同，如有必要，我們可以再針對程式本身進行深入探討，以進行微調。

　　圖 1-1 所示，是幾個不同的函數 f(n) 在輸入值 n 增大時的輸出表現。這張圖可以如是解讀：若n代表程式需要處理的資料量，f(n) 便代表處理這些資料所需要的程式指令執行次數，也就是時間；另外，它也可以代表處理資料所需的空間。因此，圖中的重點並不在於確切的數據，而在於其線型上升的趨勢。上升得越快，也就是斜率變陡的速度越快，其壓力測試下的表現就越差。由此圖可以看出，壓力測試下，圖中各函數的表現由差至佳的次序為（其中最末項「1」無法於圖 1-1 中表現，它代表固定值，與 n 值無關）：

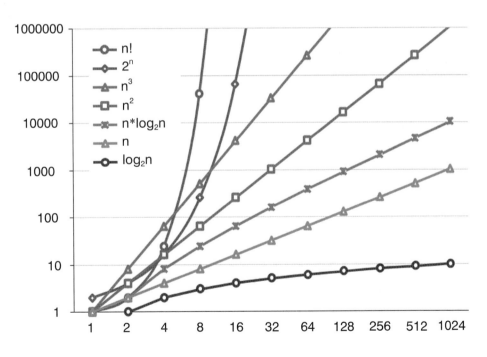

圖 1-1　不同函數的趨勢圖

$$n! - 2^n - n^3 - n^2 - n\log_2 n - n - \log_2 n - 1 \qquad （1\text{-}1）$$

在此，不妨爲前面的說明做個小結論，分析一支程式效率的步驟如下：

1. 找出各迴圈的涵蓋範圍，加以標出。
2. 由標出的範圍中，找出重疊最多的部分。
3. 估出這些部分的執行次數 f(n)。
4. 求出 f(n) 中的「關鍵因子」，這便是此程式的效率等級。

在步驟 4 中，我們只要找出 f(n) 的「關鍵因子」。所謂關鍵因子，便是式（1-1）中位置相對較左端的項目，因爲，當 n 值變得夠大時，f(n) 式子中其餘偏向右方的項目，其影響性便可以忽略不計。例如：假設 f(n) 爲 $3n^2+5n$，其關鍵因子便是 n^2，我們便稱此程式的時間效率等級爲 n^2，正式表示法爲 $O(n^2)$。因此，求一支程式的「時間效率」，又稱爲它的「時間複雜度」，也可稱爲求它的 Big-oh(O) 值。「空間效率」與「空間複雜度」之定義亦類似於此。請注意，和前述「左方項較右方項關鍵」的觀念類似的是，關鍵項目所乘上的係數也是可略而不計的。因此，前述例子的效率爲 $O(n^2)$，而非 $O(3n^2)$。這個觀念有了之後，前述的步驟 3 和 4 便可合而爲一，只需估出關鍵因子即可，不必完整算出 f(n)。當然，在同一等級中的不同程式再做進一步的深入比較時，可能需要正確的算出 f(n)，那又是另外一回事了。

1.3 本書表達方法說明

資料結構是一種以觀念爲重的學問，與程式語言並沒有關係。但是，有一些觀念和操作如果用這個程式語言的表示法來解說將遠勝於長篇大論的敘述。事實上這便是一種符號化的表達比自然文字語言更容易

傳達的例子。早期的教科書比較偏向使用虛擬的語言來描述資料結構和其演算法，主要的考量是不希望語言的特性限制了資料結構的設計。然而後來的教科書則偏向使用現成的程式語言，或許取其和實作語言較接近。然而，偏重 C, C++ 或 Java 作為描述語言的做法現今又面臨了另外一個問題。現在的程式設計需求的已不再如早期只是資工或資科背景者之專利，各軟體系統所提供的描述語言（如 Flash 的 Actionscript）更使得語言呈現五花八門的景觀。因此，我們偏向使用描述性的敘述，在遇到需要符號化的表達時，則以 C 語言的語法慣例來作為敘述工具，但是不去使用它的特性。然而，還是要再強調，資料結構和任何一種程式語言無關，程式語言只是用來作為舉例用途或是使一項敘述簡潔化、明確化而已。在 C 語言的慣例中，與一般常用數學符號不同的有下列幾種：

1. a = b：將 b 變數的值設定給 a 變數。

2. a == b：判斷變數 a 和變數 b 的值彼此是否相等。

3. i++：將變數 i 的值增加 1。

4. i--：將變數 i 的值減少 1。

　　而在演算法的整體說明上，我們將採用流程圖。流程圖的最大優點是將演算法中可能執行的路線清楚地用圖形表達出來，以利於閱讀者的掌握。表 1-1 中列出了我們將採用的流程圖符號，以及相關的說明。隨著本書內容的進展，讀者對於這些符號的掌握將更加的清楚。

　　總之，對於演算法的描述，我們將先以流程圖為主，讓您有一個整體的掌握，再針對流程圖細部進行說明，最後再以分解動作之圖解來幫助具體的理解。三者之間，則在關鍵部分標上號碼標籤如 ❶ ❷ ……等，以串起三者間的關係。

表 1-1　流程圖符號說明

符號例	說明
r = f(n) f(n)	演算法的標題，也是它的進入點。一個演算法僅有一個進入點。格式有二： 1. 有傳回值時，以「傳回值 = 演算法名稱（參數列）」格式呈現； 2. 無傳回值時，以「演算法名稱（參數列）」格式呈現。
結束	演算法的結束點。基本上，一個演算法應該只有一個結束點，有時因為版面所限（尤其需要跨過大幅面積而拉線到「結束」符號時），可能會就近再加一個「結束」符號。

a = 2
 a = 2;
 b = 3;
	動作、作業、運算、或是處理。原則上，屬於單純指令式的動作（例如：a = 2）會獨立放在各自的方框，但為了版面空間考量，有時也會將數個指令放入同一個方框中，也可避免圖形過於瑣碎。此時，會在各指令之後加上一個分號（例如：a = 2;），以茲區隔各指令。

Yes 〈i>0?〉 No > 〈i : j?〉 < ==	根據符號中的式子做判斷，一般有二種可能結果，分別標為 Yes 和 No。但有時依據判斷式的結果，可能會有二種以上的出口，此時各出口均會標示判斷式的可能結果。
訊息顯示	即時訊息顯示，一般用以說明造成演算法過程中不正常結束的資料不符要求情形。
對所有 A[i]， i = 1, 2, …, n	批次式的處理，或是迴圈。符號中列出要接受相同處理的資料條件及資料掃瞄的次序，符合條件的資料均會依序接受迴圈範圍內的所有處理。
◯	流程的匯合點。每一個迴圈也搭配一個本符號作為其涵蓋範圍終點之標示。多重迴圈時，不同迴圈可能會共用同一個此符號，此時應以流程線來觀察各迴圈的涵蓋範圍。
f(n-1)	叫用書中其他地方介紹的演算法（或是自己）來作處理。
輸出 i	演算法的輸入或輸出。
⟶	流程線，用以表示流程走向。

1.4　閱讀本書所需的數學基礎

閱讀任何資訊相關的書籍，數學是一個必備的基礎知識，即使是科普讀物也是如此。在本節中，我把本書會用到的幾個數學觀念和公式複習一下。茲分述於下：

1.4.1　整數除法

整數 x 除以 y 的結果有「商數」和「餘數」，此二值可分別取得：

$$\text{整數 x 除以 y 的「商數」} = \left\lfloor \frac{x}{y} \right\rfloor \tag{1-2}$$

式子中的 ⌊n⌋ 符號為「高斯符號」的「取底」（floor）運算，定義是取「比 n 小的最大整數」，對於正的 n 值而言，實質的效果便是取 n 的整數值。

$$\text{整數 x 除以 y 的「餘數」} = x \bmod y \tag{1-3}$$

式子中的 mod 代表模數運算，也就是「除法取餘數」的意思。許多程式語言用「%」符號作為模數運算子，但為使意義明確清楚起見，我們仍用「mod」作為模數運算符號。因此，5 mod 2 得 1，4 mod 2 得 0。

1.4.2　等差數列

一個數列 $a_1, a_2, \cdots, a_n$ 中，若對於 $i = 2, 3, \cdots, n$ 而言，$a_i = a_{i-1} + d$ 這個關係都存在的話，則稱此數列為等差數列，也就是相鄰二值都保持同一個差值關係的意思。我們需要注意的公式有兩條：

已知第一項 a_1 及差值 d，求第 i 項：

$$a_i = a_1 + (i - 1) \times d \tag{1-4}$$

求全數列的總和：

$$\sum_{i=1}^{n} a_i = \frac{n(a_1 + a_n)}{2} \qquad (1\text{-}5)$$

1.4.3 等比數列

一個數列 $a_1, a_2, \cdots , a_n$ 中，若對於 $i = 2, 3, \cdots , n$ 而言，$a_i = a_{i-1} \times r$ 這個關係都存在的話，則稱此數列爲等比數列，也就是相鄰二值都保持同一個倍數關係的意思。

我們關心的公式有兩條：

已知第一項 a_1 及倍數 r，求第 i 項：

$$a_i = a_1 \times r^{i-1} \qquad (1\text{-}6)$$

求全數列的總和：

$$\sum_{i=1}^{n} a_i = \frac{a_1(1 - r^n)}{2} \qquad (1\text{-}7)$$

1.4.4 植樹問題

在分爲 n 個區段的線性空間上種樹，總共需要種幾棵樹？要注意所種的條件爲何：

線性空間的兩端都要種，則需 $n + 1$ 棵（樹作爲各區段的範圍標示）

$\qquad (1\text{-}8)$

各區段中間種一棵，則需 n 棵（樹作爲各區段的象徵） $\qquad (1\text{-}9)$

線性空間的兩端都不種，則需 $n - 1$ 棵（樹作爲各區段間的分隔標示）

$\qquad (1\text{-}10)$

習題

1. 分析下列程式碼的時間複雜度以及變數 k 的最後值：

(a) int i, j, k;

　　k = 0;

　　for (i = 0; i < n; i++)

　　　for (j = 0; j < n; j++)

　　　　k++;

(b) int i, j, k;

　　k = 0;

　　for (i = 0; i < n; i++)

　　　for (j = 0; j < i; j++)

　　　　k++;

2. 分析一演算法，發現其執行次數有二個高峰，這二個高峰的執行次數分別為（式中的 n 為資料量）：

$$100n^3 + 5n^2 \text{ 及 } 2^n + 10$$

試求此演算法之執行效率。

3. 求 $\sum_{i=1}^{n} i^n$ 的大 O 值。

4. 國道 3 號行經台北路段的速度下限為 60 km/hr，上限為 90 km/hr。實際上，超速 10 km/hr 並不會受到取締。請繪製一張流程圖，呈現上述規則以判定一輛車的速度是否會受到取締。

5. 有一演算法之時間複雜度為 $n^2\log_2 n$，可是在式（1-1）中找不到此項，它應該排在該式的哪一個位置？

2

解題的方法

	0	1	2	3	4	5	6
0	1	1	1	1	1	1	1
1	1	1	0	0	0	1	1
2	1	*	0	1	0	1	1
3	1	1	1	0	0	0	1
4	1	1	0	0	1	0	1
5	1	1	1	1	1	0	1
6	1	1	1	1	1	1	1

對於一般認爲寫程式很難的人而言，問題並不在於程式語言的語法。平心而論，程式設計語言所用的單字比任何一種自然語言的單字還要少，而且文法規則更簡單明確，沒有一堆例外要背誦，甚至也不是看不懂書上或是教師所講解的範例程式。眞正的問題是，語法背起來了，範例也看懂了，但問題到手時卻是不知如何開始。很諷刺的是，絕大部分程式設計教科書的篇幅都是耗在語言的語法上，甚至設計各種「正常人」不會用的語法來測試學習者。例如：「你知道 i = j++; 和 i = ++j; 之間的差別嗎？」甚至，「你知道 i = ++j++; 又是如何嗎？」果眞是無聊透頂。

我們看到坊間有很多程式設計甚至資料結構的書有將近一半的篇幅列出一堆程式碼，似乎以爲讀者讀了程式碼後便知一切奧妙。而在書本的行文中對這些程式碼的內容卻幾乎隻字未提，因而將研讀程式碼之重責大任拋給學習者。而一些作者更妙，換個語言作範例，就可以再出一本新書，「著作等身」似乎並不難達成。

然而，最大的問題（也是現在看到的書中最爲忽略的）是熟悉了語言和範例之後，面對問題還是不知如何著手。很多人想必有過類似下述的經驗，小學時「算術」（現在升級全叫「數學」了）考卷中的計算題得心應手，應用題卻無從下手。所有這些問題，所缺的都是「解題技巧」。

關於程式設計的解題技巧有很多，不過那是「演算法」課程的範疇，這邊我們僅介紹兩種最常用而有效的方法，理解這二種方法，足以應付「資料結構」範圍內的大小問題了。

2.1　回溯法

有一種方法可以用來解決所有問題，那就是「窮舉法」，又被稱爲「暴力法」。簡言之，我們將問題的所有可能狀況均列舉出來，如果答案存在，自然可以找到它。說來容易，但是因爲一個問題的可能狀況之

多,往往超出了一般人的處理能力,因此窮舉法在許多問題中其實派不上用場。

然而,電腦的快速與高容量讓這個似乎實用價值不高的方法得到了一展長才的機會。事實上,用電腦來找答案時,許多不同方法的程式基本架構是固定的,相當程度其實就是窮舉法的精神,但是經由對於待解問題的研究,我們可能在這個架構的若干環節中加入一些知識,使得一些不可能是答案的情況優先刪除,如此便可降低搜索的空間,提升速率。常見的便是「**回溯法**」(Backtracking)。

以下針對利用回溯法進行基本解題(或找答案)的一般性架構做一些說明。在很多地方,我們還會再回來檢視。萬變不離其宗,採用不同的資料結構,便變化出許多不同的演算法。

這個解題的基本概念不妨稱之為「走一步,算一步」,具體來說便是:我們由問題的最開始狀態開始,以訂定的策略針對所有可行的「下一步」進行深入探索。每「走一步」,便需做兩種「算一步」:驗算是否已找到答案,以及推算可能衍生出更多新的「下一步」選擇,這些新選擇我們全部要把它們收集起來。當順著一條線索走下去,因為碰壁而無法再繼續演算下去時,我們便退回一步,試試先前收集的其他可能。只要不錯過任何一個「下一步」選項,我們便可以「有系統的」將所有可能性都找過一遍。只要透過循著合乎題目要求的路徑探索,終能逐步推導或尋找出正確的解來。圖 2-1 所示的便是這個方法的流程,參照這張圖,我們可以進一步解析其步驟如下:

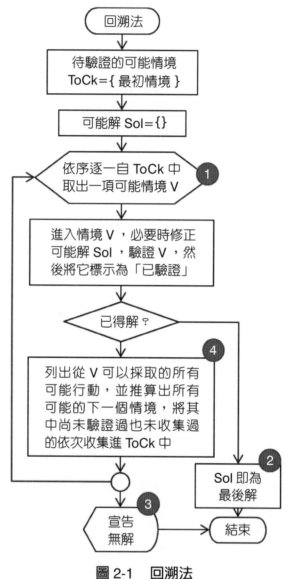

圖 2-1 回溯法

1. 設計二個資料結構來記錄過程：

(1) 待驗證的可能情境集合 ToCk：負責記錄所有待驗證的「下一個可能情境」。最開始，ToCk 中只裝了問題的最初情境。

(2) 可能解 Sol：記錄在推導過程中所找到的「可能解」。最開始它當然是空集合。

2. **依次自 ToCk 中取出第一個元素，它代表一個可能的下一步情境，進行下列的處理 ❶：**

(1) 前進到這個元素所代表的情境中。

(2) 依題目要求做必要的處理，並依新資訊修正 Sol。

(3) 將此情境標示為「已驗證」。

(4) 驗證看看是否已找到答案（此時我們需要一個能判斷是否已達成目標的方法，這個方法往往只是個簡單的統計數字），若答案為「是」，則 Sol 所存的便是最後的解答，演算法結束 ❷。

(5) 根據前述處理結果，列出當下所能採取的所有動作，並推算出所有可能的「下一個情境」，再將其中尚未標示為「已驗證」也未收集過者，全部收集放入 ToCk 中 ❹。

(6) 如果現在 ToCk 是空的，表示已無進一步的選項可走，這代表已無計可施，因此失敗結束 ❸。

2.1.1　八后問題

皇后是西洋棋中攻擊力最強的棋子，它可以在水平、垂直、以及 ±45° 角方向上發動攻擊。現在的問題是，如何在一個 8×8 的西洋棋盤中，放入 8 個皇后，而它們之間都能相安無事，彼此均攻擊不到對方？試設計一演算法找找答案。

為了避免問題過於龐大，我們將它縮小為四后問題，然後試著用回溯法來解它。也就是：如何在一個 4×4 的西洋棋盤中，放入 4 個皇后，而它們之間都能相安無事，彼此均攻擊不到對方？

首先設計一個機制 ToCk 來存放各個可能的情境。在棋盤中，每一列要放入一個皇后，共有 4 列，因此用一個最多包含 4 個數字（數字間加一小數點做視覺上的區隔）的串列來記錄棋盤上的某一種特定狀態，

其中第 i 個數字記錄第 i 個皇后所在的「行編號」，i = 1, 2, 3, 4。而每一個皇后有 4 個位置可以選擇，因此，這四個數字的可能值範圍均為 1 至 4。以「2.3.1.4」這個串列為例，它代表當時棋盤上的狀態為：

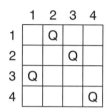

其中 Q 代表皇后的位置，顯然此狀態不是合法的解。由於我們將逐步由第一列開始放入皇后，因此在中間過程這個數字串列可能不足四位，此時代表後面的位置尚未決定，ToCk 的初值為 {}。

另一個可能解 Sol 的記錄方式也和 ToCk 一樣，其初值同樣是{}。驗證是否已得到解答的方法，就是計算 Sol 中的元素是否已有四位數字。

接下來開始放入皇后。

第一個皇后有 4 個選擇，所帶來的可能情境分別以 1, 2, 3, 4 等四個串列表示它們均完全合法，且都未曾見過，因此將它們全部收集進入 ToCk，且以第一個串列為可能解，此時：

$$ToCk = \{1, 2, 3, 4\}$$
$$Sol = \{1\}$$

各情境以圖表示之如下：

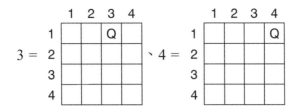

接著取出第一種可能情境「1」，此時雖然第二個皇后位置有 4 個選擇，但其中有 2 個已在第 1 個皇后的攻擊範圍內，因此合法的未來情境僅有 2 個，以圖表示之如下：

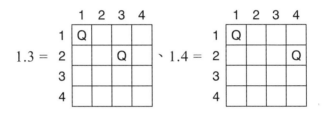

將此二者收集進入 ToCk，此時：

$$ToCk = \{1.3, 1.4, 2, 3, 4\}$$
$$Sol = \{1.3\}$$

接著取出第一種可能情境「1.3」，雖然第三個皇后位置有 4 個選擇，但每一個都在前 2 個皇后的攻擊範圍內，因此 ToCk 未收集到新資料。

再取出第一種可能情境「1.4」，雖然第三個皇后位置有 4 個選擇，但只有第 2 行能免於受到攻擊，以圖表示之如下：

	1	2	3	4
1	Q			
2				Q
3		Q		
4				

$1.4.2 =$

將其收集進入 ToCk，此時：

> ToCk = {1.4.2, 2, 3, 4}
>
> Sol = {1.4.2}

接著取出第一種可能情境「1.4.2」，雖然第四個皇后位置有 4 個選擇，但每一個都在前 3 個皇后的攻擊範圍內，因此 ToCk 未收集到新資料。

再取出第一種可能情境「2」，雖然第二個皇后位置有 4 個選擇，但只有第 4 列能免於受到攻擊，以圖表示之如下：

	1	2	3	4
1		Q		
2				Q
3				
4				

$2.4 =$

將其收集進入 ToCk，此時：

> ToCk = {2.4, 3, 4}
>
> Sol = {2.4}

接著取出第一種可能情境「2.4」，雖然第三個皇后位置有 4 個選

擇，但只有第 1 行能免於受到攻擊，以圖表示之如下：

$$2.4.1 = \begin{array}{c|c|c|c|c|}
 & 1 & 2 & 3 & 4 \\
\hline
1 & & Q & & \\
\hline
2 & & & & Q \\
\hline
3 & Q & & & \\
\hline
4 & & & & \\
\hline
\end{array}$$

將其收集進入 ToCk，此時：

> ToCk = {2.4.1, 3, 4}
> Sol = {2.4.1}

接著取出第一種可能情境「2.4.1」，雖然第四個皇后位置有 4 個選擇，但只有第 3 行能免於受到攻擊，以圖表示之如下：

$$2.4.1.3 = \begin{array}{c|c|c|c|c|}
 & 1 & 2 & 3 & 4 \\
\hline
1 & & Q & & \\
\hline
2 & & & & Q \\
\hline
3 & Q & & & \\
\hline
4 & & & Q & \\
\hline
\end{array}$$

將其收集進入 ToCk，此時：

> ToCk = {2.4.1.3, 3, 4}
> Sol = {2.4.1.3}

此時發現 2.4.1.3 已是符合所求，因此 Sol 中的 2.4.1.3 即是最終解答。整個過程可以整理如圖 2-2 所示的一棵「樹狀圖」（這是第 11 章的

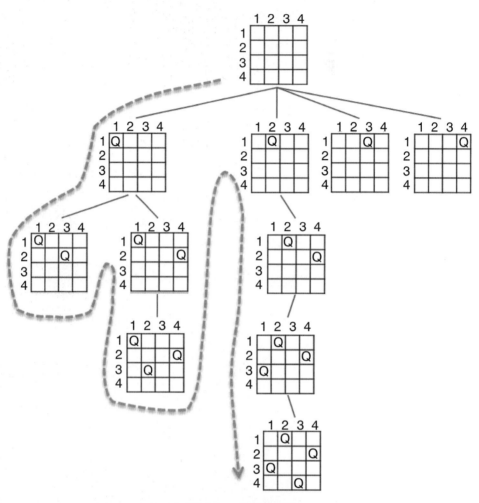

圖 2-2　四后問題

主題）來呈現，圖中的虛線代表我們為了解題而在此樹中的遊歷走訪。

　　其實八后問題的解答不只一種，四后問題也是一樣，這邊解出的只是其中一種而已。稍加修改演算法便可以求出所有的解（習題 1）。

2.2 遞迴法

遞迴法的程式設計和數學中的遞迴定義法十分類似，後者藉由自己的定義來定義自己，前者則是藉由叫用自己來完成自己的工作。

並不是所有的程式語言都可以運用遞迴法，簡單來說，如果一個語言沒有「全域變數」和「區域變數」的區分，則不可以用遞迴法來寫程式。

許多人對於遞迴法感到十分的困擾，甚至覺得有點玄。實際上，除非問題本身採取的便是遞迴定義法，否則我們並不建議使用此方法。除了理解不易外，一般而言，此法的效率並不高，由下面我們針對範例的分析便可得知。

遞迴法最大的風險是來自於呼叫自己，如果沒有正確的煞車機制，將可能形成無窮迴圈而當機。因此，在設計這類的演算法時，必須確認二件要求：

1. **要有終止機制**：也就是說，要設定一種條件，當該條件成立時，便停止自我呼叫，而開始往回傳資料；
2. **演算法的邏輯必須呈現收斂的樣態**：也就是說，整體邏輯必須逐步往「終止機制」靠近，不能離「終止機制」越來越遠。

前述的終止條件有時可以由定義本身得知（例如：n! 的定義中，「當 n = 1 時傳回 1」便是其終止條件。在數學式子的遞迴定義法中，此條件十分明確），有時則有賴設計者加以定義或找出。

2.2.1 階乘

數學上對於階乘的定義如下：

$$\text{fact}(n) = \begin{cases} 1 \text{，如果 } n = 1 \\ n \times \text{fact}(n-1) \end{cases} \qquad (2\text{-}1)$$

圖 2-3 所示的是階乘函數的演算法，由此圖之架構你可以看出它和原始階乘定義式子幾乎可以達成 1 對 1 的對應。分析了參數 n 和函式 fact(n) 執行次數的關係，可以發現此演算法的時間效率為 O(n)。遞迴呼叫會用到系統堆疊空間（第 8 章會解釋此觀念），因此空間效率為 O(n)。

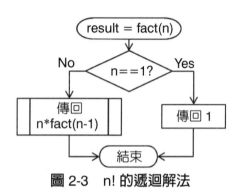

圖 2-3　n! 的遞迴解法

2.2.2　費伯納西數列

費伯納西數列在《達文西密碼》一書中大出風頭，其定義可以簡述如下：這是一個無窮數列，開頭二個元素為 0 和 1，其餘各元素值為其前二個元素的和。寫成數學定義，其式子為：

$$\text{fibo(n)} = \begin{cases} 0 \text{，若 n}=0 \\ 1 \text{，若 n}=1 \\ \text{fibo(n}-1) + \text{fibo(n}-2) \end{cases} \qquad (2\text{-}2)$$

由其數學定義式子中，便可以發現這又是個遞迴定義法，而且終止條件發生在 n = 0 或 1 時。圖 2-4 所示為計算費伯納西數列的演算法。參數 n 的值和 fibo() 函式被叫用的次數關係較不易分析，但由其定義中，除了第一和第二項之外，均會叫用自己二次，因此可大略估計此演算法的時間與空間效率均為 $O(2^n)$。

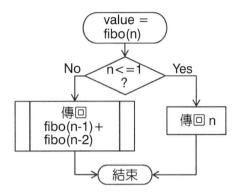

圖 2-4　費伯納西數列的遞迴解法

到目前為止，二個例子共有的特色是：其函數定義本身便是採遞迴定義法，因此採用遞迴演算法可以說相當的直覺。這是我們見到的第一種適合以遞迴法處理的例子。然而，在第 8 章有關「堆疊」的應用討論中便可以看到，函式呼叫對於系統的負擔其實不小（包括空間及時間），因此，考慮這項因素後，如果可能，直接用迴圈來算，效率會好一些（習題 3）。

2.2.3　河內塔

河內塔是 1883 年由法國數學家 Lucas 所提出的一個數學遊戲，同時，它還附了一個傳說作為遊戲的背景以增加趣味：在印度大竺天寺裡，僧侶守護著一組 64 個大小不同、中間留孔而穿在一根柱子上的盤子，除了穿過盤子的柱子外，另外還有兩根一模一樣的柱子。先知說，如果依下列規則搬動這些盤子，而將這些盤子全部搬到另外兩根柱子的任一根時，便是世界末日降臨的日子。搬盤子的規則如下：

1. 一次只能搬動一個盤子；
2. 盤子放下時，必須穿在三根柱子中的一根上；
3. 大的盤子不可以壓在小盤子之上。

很常見的，傳說會經好事者之手或是在不經意的傳播中演化出另一個版

Chapter 2　**解題的方法**

本，地點變成了越南河內，題目也就叫河內塔。

　　我們的興趣不在於追蹤傳說的演化，而是要來解河內塔，看看是否能設計出演算法來完成這項挑戰。

　　我們用數學常用的歸納演繹法，逐步列出推導過程，看看如何形成一個合用的演算法。首先假設這三根柱子依其當時扮演的角色而稱為「起始柱」、「中間柱」、以及「目標柱」，而我們的工作是要將盤子由起始柱搬到目標柱。此外，n 代表盤子的個數，盤子由小至大命名為「盤 1」、「盤 2」、……、「盤 n」。所有已知條件都具備了。

H1. 當 n = 1 時，直接將盤 1 由起始柱搬至目標柱。

H2. 當 n = 2 時，

　　首先對於盤 2 視而不見，而運用前一步驟將盤 1 由起始柱搬至中間柱；

　　將盤 2 由起始柱搬至目標柱；

　　再對於盤 2 視而不見，運用前一步驟將盤 1 由中間柱搬至目標柱。

H3. 當 n = 3 時，

　　首先對於盤 3 視而不見，運用前一步驟將盤 1～2 由起始柱搬至中間柱；

　　將盤 3 由起始柱搬至目標柱；

　　再對於盤 3 視而不見，運用前一步驟將盤 1～2 由中間柱搬至目標柱。

　　　　　　　　　　　　　　　⋮

Hn. 首先將盤 n 視而不見，運用前一步驟將盤 1～n－1 由起始柱搬到中間柱；

　　將盤 n 由起始柱搬至目標柱；

　　再對於盤 n 視而不見，運用前一步驟，將盤 1～n－1 由中間柱搬到目標柱。

前面的敘述似乎十分的冗長，但是它主要是陳述一件事實：你只要
會搬一片，就會搬二片；會搬二片就會搬三片；⋯ 會搬 n – 1 片就會搬
n 片。換句話說，搬 n 片的方法是叫用搬 n – 1 片的方法；⋯ 搬三片的
方法是叫用搬二片的方法；搬二片的方法是叫用搬一片的方法；而搬一
片，則是直截了當。因此仔細觀察其中的文字，你可以發現，除了步驟
H1 之外，其他各個步驟只有數字由 1 變化至 n 之不同，其餘均一模一
樣。如果寫成演算法，這便是遞迴法施展的好對象，而步驟 H1 便是終
止條件。圖 2-5 所示的便是此演算法的觀念圖解。將 n 個盤子由起始柱

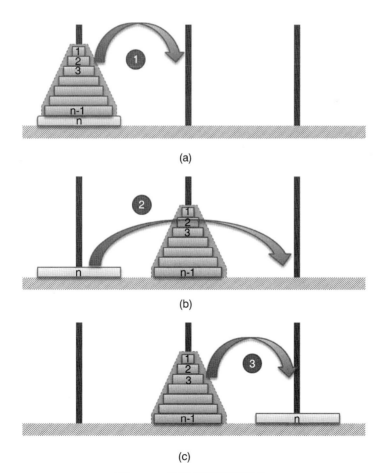

(a)

(b)

(c)

圖 2-5　河內塔解法概念

搬到目標柱的方法是：

1. 將 n – 1 個盤子由起始柱搬到中間柱❶；
2. 將盤 n 由起始柱搬到目標柱❷；
3. 將 n – 1 個盤子由中間柱搬到目標柱❸。

接下來要決定的是演算法的參數。由圖中可以看出，演算法的目標是將 n 個盤子由起始柱搬至目標柱，但是在前面分解動作的描述中可以看出，同一個處理工作，在不同步驟所面臨的起訖柱均可能有所不同。例如：同樣搬移盤 1 的工作，在 H1 中是由起始柱搬往目標柱，而在 H2 呼叫 H1 時，首先要它由起始柱搬至中間柱，第二次呼叫則要它由中間柱搬往目標柱。因此，這三個柱子必須當作參數傳入。於是我們得到圖 2-6 所示的演算法，其中各參數定義如下：

1. **src**：該次呼叫的起始柱；
2. **mid**：該次呼叫的中間柱；
3. **tgt**：該次呼叫的目標柱。

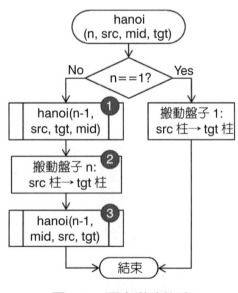

圖 2-6 河內塔演算法

接下來我們計算此演算法的時間複雜度。在前述的推演中，Hi 代表要搬 i 個盤子時的工作量。以 H1 當作基本時間單位，我們可以計算其他工作所需的時間：

$$H1 = 基本時間單位：$$
$$H2 = 2H1 + H1$$
$$H3 = 2H2 + H1 = (2^2 + 2 + 1)H1$$
$$H4 = 2H3 + H1 = (2^3 + 2^2 + 2 + 1)H1$$
$$\vdots$$
$$Hn = (2^{n-1} + 2^{n-2} + \cdots + 2 + 1)H1 = (2^n - 1)H1 \qquad （2\text{-}3）$$

可知此演算法的時間效率為 $O(2^n)$。儘管演算法很短，只要盤子數稍大，就足以讓你失去耐性。

由於 Hi 之間進行的是副程式呼叫，因此上述的分析也可用在本程式對於系統堆疊空間的需求度，因而得知其空間複雜度亦為 $O(2^n)$。

本節所處理的對象是第二種適合以遞迴法處理的問題種類：解題的方法是屬於遞迴性的。另外還有一種適合本法的問題種類是：資料結構本身或是其演算法便是以遞迴法來定義的，這類的例子要到第 11 章討論「樹資料結構」時才會看到。

雖然遞迴法的程式看起來似乎很酷，很短的程式便可以完成一件似乎很傷腦筋的問題（不信試著搬搬 5 個盤子的河內塔看看）。然而，必須注意選用時機與對象。簡單來說，如果問題本身的定義具有遞迴性質（採遞迴定義法），那就用遞迴法處理；否則，便採通用解法，也就是回溯法。

習題

1. 如何修改回溯法,使得它能找出八后問題的所有解?

2. 設計階乘的非遞迴演算法,並分析其效率。

3. 設計費伯納西數列的非遞迴演算法,並分析其效率。

4. 在 1202 年出版的《*Liber Abaci*》書中,費伯納西以下列的習題來帶入這個數列:假設一對成熟的兔子每個月可以生產一對新兔子,而新生的兔子在滿兩個月後即生理成熟可加入生產行列。如果兔子可長生不老(或者說,在我們討論的合理時間內,牠都可存活), 請問年初取得一對新生的兔子,在年終時會共有幾對兔子?直接計算是一種方式,但有時將數字題目用圖表表示出來,應該可以幫助我們對問題的理解。請試著用圖表來呈現兔子的繁殖情形。

5. 記得學習二整數的最大公因數時,我們學到了「輾轉相除法」。例如:圖 E2-1 所示的便是求取 8 和 18 的最大公因數之輾轉相除法過程。請為此計算法設計一個遞迴演算法。

4	8	18	2
	8	16	
	<u>0</u>	2	

圖 E2-1 求 8 與 18 最大公因數的輾轉相除法

6. 在丹・布朗的暢銷書《達文西密碼》中,巴黎羅浮宮館長被殺,由於現場過於離奇,符號學權威蘭登教授被邀請參與調查。第 8 章中,教授在現場發現死者用鮮血留下如下的一串數字:

13-3-2-21-1-1-8-5

教授一直無法推理出數字的內涵,直到第 44 章才頓悟,並用它進入館長在蘇黎世託存銀行巴黎分行的保管箱。現在,讓我們把問題弄得更複雜些:如果帳號的密碼是 12 位數,而教授的推理是對的,請問密碼是甚麼?

3

陣列資料結構

學 習 重 點

	0	1	2	3	4	5	6
0	1	1	1	1	1	1	1
1	1	1	0	0	0	1	1
2	1	*	0	1	0	1	1
3	1	1	1	0	0	0	1
4	1	1	0	0	1	0	1
5	1	1	1	1	1	0	1
6	1	1	1	1	1	1	1

當一串資料彼此之間有一定的次序關係存在時，我們便稱它為一個**有序串列**（Ordered List），或叫**線性串列**（Linear List）。在我們所討論的應用中，絕大部分的資料都是有序的。此時，每一筆資料（除了第一筆之外）都有恰好一筆所謂的「前一筆」，以及（除了最後一筆資料之外）恰好一筆所謂的「後一筆」。進入資料結構的世界，我們選擇線性串列作為起步點。在之後的討論中，除非有特別指出，否則資料結構在存放資料時，必須維持原先所具有的次序關係，同時也必須能回答「前一筆資料為何？」以及「後一筆資料為何？」的查詢。

事實上，每一筆資料內可能存在著數個資料細項，但是這些資料細項中總有特別一個能讓一筆資料和其他資料作完全區隔的項目，此項目一般稱為該資料的「鍵值」。例如：每一筆學生資料可能包括其系所、班級、學號、姓名、聯絡方式、…… 等許多項目，但學號一項是程式用來區隔各筆資料的根據，因此它便是這套資料的鍵值。在我們的討論中，鍵值是主要關鍵，其他的欄位並不會去提及，但不代表不存在，讀者心中必須要存有鍵值只是個代表的觀念。

線性串列的實作可以以「到衙門洽公」為例，這時等待是免不了的，但是對等待的民眾，衙門可以有二種方案來款待你。第一種是在窗口前畫兩條線，洽公者請在此二線內排隊，一個蘿蔔一個坑，離開者視同放棄，排在後面的就可補位上去。另一種方案是在門口處擺一部抽號碼機，洽公者抽了號碼就可到處走動、找人聊天，他只要盯著號碼告示牌的跳號，等自己的號碼出現了再到窗口辦理即可，這個號碼將所有不相干的人串了起來，取代實體的排隊。第一種方案可謂採固定位置的作法，屬於本章的範圍，而第二種方案則是連結串列的作法，將在第 5 章討論。

陣列是我們所要介紹的資料結構中最基礎的一種。同時，它也是唯一電腦程式語言**原生的**（Native）的資料結構。所謂原生的，指的是它是直接定義在程式語言中，相關的運算處理便可以直接用程式語言的指令來進行。至於其它的非原生種資料結構，則必須分別各寫一段程式

（或是寫成副程式）來處理資料結構的創建或是資料存取等運算。因此在程式語言課程中，一定會有一章介紹陣列。

陣列具有如下的特質（參見圖 3-1）：

1. 所有的元素均具有相同的型別（例如：都是整數，或都是浮點數……等等），因此各個元素的大小都相同。在圖中，此值標為 d。

2. 所有元素在實體記憶體中都是依次序彼此相連存放的，因此只要知道其中一個元素的位置，便可以知道其他元素的位置。依照現今大部分程式語言的慣例，我們將這些元素加以編號（稱為索引），最低位址（也就是排在最前頭）的元素編號為 0。對於具有 n 個元素的陣列而言，其元素編號便是 0 至 n − 1。

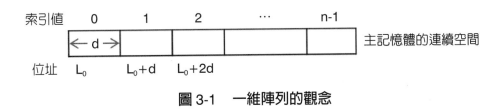

圖 3-1　一維陣列的觀念

要創建一個陣列，我們只要如同變數的宣告一般的加以宣告即可。例如：

```
int a[20];
```

這條指令便是創建一個具有 20 個元素的陣列，其名稱為 a，陣列中的各元素的型別為整數。在後面的討論中，為了區別單一變數以及陣列變數，將在陣列變數名稱之後加入一對空的方括號，例如：a[ ]。

由於陣列中的各元素均可以用索引值來找到，因此我們可以直接對陣列中的任何元素進行存取，這是它的最大優點。陣列元素的索引值也可以換算成該元素的位址。例如：參見圖 3-1，陣列的第一個元素位於 L_0，則

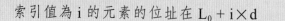

索引值為 i 的元素的位址在 $L_0 + i \times d$　　　　　　　　(3-1)

　　然而，從另外的角度而言，陣列的優點也會變成缺點。例如：當我們想在二個元素中間插入另一個元素時，便需將插入點起後方的所有元素都往後搬。同樣的，當我們要刪除某個元素時，刪除元素所在位置後方的所有元素便須全部往前搬，以免形成空格。因此，當我們對於資料的處理需要常常在中間插入或刪除元素時，陣列可能便不是很妙。

　　前述陣列宣告的索引只有一個，稱為一維陣列。事實上還可以有多維陣列，例如：

int b[5][3];

便宣告了一個二維陣列，它有 5 個列，3 個行，共 5×3 = 15 個元素，各個元素都是可以存放整數。

　　類似於此，你可以設計三維、四維等等多維的陣列。至於在寫程式時最多可以用到幾個維度，則需由使用的語言來決定。

　　當陣列的維度不只是 1 時，有幾件事必須要知道：

　　首先，陣列元素的個數是由各維度的長度相乘而得，因此，這個數字可能變得很大，需留意是否真的有充分利用到。

　　第二，不同程式語言在存放多維陣列時，有不同的做法。其中**以列為主**（Row-based）的做法（例如：C 語言）是先存放最左方的維度，再逐步處理往右的維度。

　　因此前述 b[][] 陣列在記憶體中的存放次序為：

b[0][0]　b[0][1]　b[0][2]　b[1][0]　b[1][1]　b[1][2] …

圖 3-2 便是此種儲存方式的示意圖。

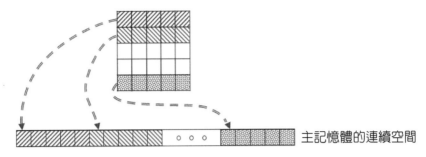

圖 3-2 以列為主的儲存方式

另一種稱為**以行為主**（Column-based）的做法（例如：FORTRAN 語言）則是依序由右往左的存放各個維度，前述陣列此時存放的位置為：

b[0][0]　b[1][0]　b[2][0]　b[3][0]　b[4][0]　b[0][1]　…

圖 3-3 便是此種儲存方式的示意圖。

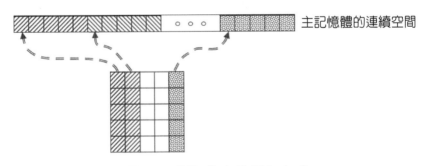

圖 3-3 以行為主的儲存方式

在觀念的設計上，這個存放次序的不同可以不去理它，但是在需要知道這些元素間的相對位置時，便不可不知。此外，在處理陣列元素時，最好先知道使用的語言所採用的存放策略，然後依存放的次序來進行資料存取，如此才能充分利用第 1 章所述的資料儲存架構，提升系統效率。

3.1 陣列資料結構的基本操作

資料處理的操作主要不外乎新增、刪除、以及查詢。

3.1.1 查詢指定元素的存在

當我們對於陣列的內容特性一無所知時，要在陣列中找出指定的元素，最基本的方法便是由頭到尾找一遍。由於陣列元素均存放在鄰近的空間，僅需以索引值便可檢索，因此此項操作並不致於有太大的時間負擔。然而，如果陣列資料本身已經依一定的規則排好次序，例如：由小到大或是由大到小，此項檢索工作還可更快。這是個大題目，我們將在第 16 章專門談它。

3.1.2 新增一個元素

圖 3-4 在具有 n 個元素的 A[] 陣列中，於索引值為 i 的位置插入資料 d。這裡的關鍵是資料往後擠時，必須由需搬動的區塊（A[i + 1] 至 A[n − 2]）之最後一個開始往後搬，以免將後面的資料蓋掉。當然，最基本的假設是陣列還有空間容納新資料，否則原來的 A[n − 1] 值將會丟失。

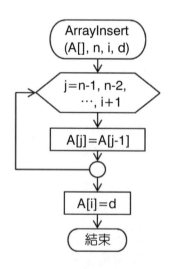

圖 3-4 在陣列中插入一個元素

3.1.3 刪除一個元素

圖 3-5 從具有 n 個元素的 A[] 陣列中，將索引值為 i 的元素取出傳回，並將它由陣列中刪除。由於資料是往前補，因此必須由需搬動的區塊（A[i + 1] 至 A[n − 1]）之最前面開始往前搬。

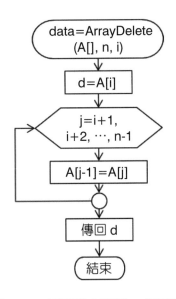

圖 3-5　在陣列中刪除一個元素

3.2　陣列元素位址的計算

對於一維陣列 a[] 的元素 a[i] 和 a[j] 而言，它們之間相距 (j − i) 個元素，記憶體位置距離為 (j − i) × 元素大小。因此可知

> a[j] 的記憶體位置 = a[i] 的記憶體位置 + (j − i) × 元素大小　（3-2）

當我們宣告陣列 a[] 時，便可得知元素 a[0] 的位置。由上述推導，我們便可以算出所有元素在記憶體中的位置。當 i 值為 0 時，式（3-1）

便是式（3-2）的特例。

二維以上的陣列則比較麻煩。如前所述，此時需要考慮其存放係探「以列爲主」，或是「以行爲主」。下列以「以列爲主」的二維陣列做說明。

二維陣列 b[][] 宣告爲

int b[R][C];

其中 R 和 C 分別爲代表陣列的列數和行數。

參見圖 3-6，對於元素 b[i1][j1] 和 b[i2][j2] 而言，它們之間相距的元素個數可以分成三個部分計算：

1. j1 至該列的尾端有 C – 1 – j1 + 1 = C – j1 個元素（含 j1）。

2. i1 和 i2 之間的完整列共有 (i2 – i1 – 1)×C 個元素（不含 i1 及 i2 列）。

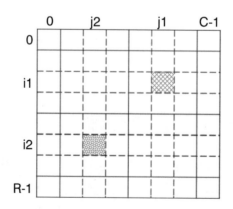

圖 3-6　計算二維陣列中，二元素的位址距離

3. 列開頭到 j2 間有 j2 – 0 = j2 個元素（不含 j2）。

三者總和 = C – j1 + (i2 – i1 – 1)×C + j2 = (i2 – i1)×C + j2 – j1 個元素。因此：

> b[i2][j2] 的記憶體位置 =
> b[i1][j1] 的記憶體位置 + ((i2 – i1)×C + j2 – j1) × 元素大小　　(3-3)

3.3　降維度的處理

降維度是陣列處理常會碰到的問題，例如：

1. 你設計的演算法所使用的陣列維數，超過實作時使用語言所容許的維數限制。例如：有的語言僅容許最多二維，若你在設計中用了三維陣列，馬上面臨降維的問題。

2. 檔案的存放或讀取都是一維的，因此不論你程式中用的資料結構為何，對於檔案的介面均須轉成一維陣列。

以下的例子均假設採「以列為主」的存放策略來計算，我們可以將問題描述如下，有二個陣列宣告：

```
int a[N];
int b[R][C];
```

參見圖 3-7，現在欲將元素 b[i][j] 轉成 a[k]。首先因為 N 為 a[] 陣列元素之個數，R 和 C 分別是 b[][] 陣列的列數和行數，因此下列式子必須成立：

$$N = R \times C \qquad (3\text{-}4)$$

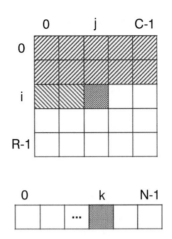

圖 3-7 　計算二維陣列元素轉成一維時的位址

k 的算法分成二部分：

1. ▨ 部分：i 個完整列（列編號 0 至 i − 1）元素數 ＝ i×C。

2. ▨ 部分：j 個元素（行編號 0 至 j − 1）在元素 b[i][j] 左方。

因此，

$$k = i×C + j \qquad (3\text{-}5)$$

　　在前述的計算中，為了簡化起見，我們假設陣列的任何一維的索引均是由 0 編起，但是在某些語言中並非如此，有的甚至可以指定一個維度索引的起訖範圍（例如：由 −2 至 5，共 8 個元素）。而在實際的應用中，我們也可能在一個大的二維陣列（想像它對應到整個螢幕）中挖取一個矩形範圍（想像它是螢幕上的一個視窗）來做特別的處理。在這些狀況下，前述推導便須做一些修正（習題2）。

　　同理，若要將三維陣列降為二維陣列，只要擇定一維不變，另外二維如上所示的轉成一維即可。例如：

再宣告：

```
int c[P][R][C];
```

其中 P 為第一維的長度。欲將元素 c[h][i][j] 轉成 b[h][k] 時，假設保留第一維，而將第二、三維合併，則套用式（3-5）即可。

當然，在降維度時，要將哪些維度的資料合併成一維，需要考慮程式對於資料的取用方式，以及實作語言對於陣列元素的儲存是列為主或是行為主再來決定。

若將式（3-5）推廣至三維陣列，欲將元素 c[h][i][j] 轉成 a[k] 時，只要考慮到 (i, j) 這個位置所在的平面（Plane）之前尚有 h 個平面，平面大小為 R×C，便可得知：

$$k = h \times R \times C + i \times C + j \qquad (3\text{-}6)$$

習題

1. 對於一個一維陣列宣告：

int a[30];

假設一個整數占用 2 個位元組，請問此陣列共占用多少位元組？假設元素 a[12] 存於位址 1200 的記憶體位置，則元素 a[25] 所存放的位址為何？

2. 在將二維陣列轉為一維陣列的計算中，為了簡化起見，我們假設各維的最低值都是 0。現在我們要做一個一般解，因為需要轉出來的二維陣列可能是一個大陣列的局部區域（例如：螢幕上的一個視窗），所以我們將此項計算的所有數字全部參數化如下：

- row_{low} = 二維陣列列編號的最低值
- row_{high} = 二維陣列列編號的最高值
- col_{low} = 二維陣列行編號的最低值
- col_{high} = 二維陣列行編號的最高值
- base = 一維陣列可存放區的起點編號
- d = 一個元素的大小
- (i, j) = 待換算的位置，i 為列號，j 為行號
- k = 換算之後的一維陣列元素編號

這些參數請參考圖 E3-1。請計算 k 和 (i, j) 間的關係式。

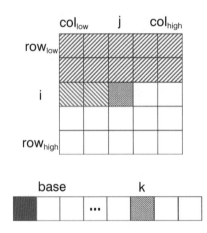

圖 E3-1　二維陣列轉為一維之一般解

3. 式（3-5）似乎比式（3-3）來得簡單，二者間有什麼關係嗎？
4. 若陣列存放改採以行為主，試重推導式（3-5）。

4

陣列的應用

	0	1	2	3	4	5	6
0	1	1	1	1	1	1	1
1	1	1	0	0	0	1	1
2	1	*	0	1	0	1	1
3	1	1	1	0	0	0	1
4	1	1	0	0	1	0	1
5	1	1	1	1	1	0	1
6	1	1	1	1	1	1	1

陣列是後面各章建立不同資料結構的共同基礎，本章僅介紹幾種直接運用陣列形式的應用。

4.1 　矩陣運算

矩陣（Matrix）是一個數學上的名詞，它是一組排列成特定結構的資料，同時可以用**註標**（Subscript）來加以區別其中的各個元素。二維矩陣以數學式表示如下：

$$A_{m \times n} = [a_{ij}]_{m \times n} = \begin{bmatrix} a_{11} & a_{12} & .. & .. & a_{1n} \\ a_{21} & a_{22} & .. & .. & a_{2n} \\ : & : & . & . & : \\ : & : & . & . & : \\ a_{m1} & a_{m2} & . & . & a_{mn} \end{bmatrix} \tag{4-1}$$

從觀念上和外觀型式上，看得出來矩陣可以直接用陣列來加以實作。但是二者在一個使用慣例上有著基本不同的地方仍須指出，否則細心的讀者發現時會感到困擾。

陣列是一種資料結構，如前所述，我們一般承襲 C 語言的慣例，其元素的索引是由 0 編起。因此，具有 N 個元素的陣列，其元素編號便是由 0 至 N − 1。而矩陣是個數學觀念，其註標（對應到陣列的索引）編號一般是由 1 編起。因此，具有 N 個元素的矩陣，其元素編號便是由 1 至 N。二者要做一對一對應很簡單，只要在由矩陣對應至陣列時，將其註標值減 1 即可。但是為了維持程式設計內容和數學公式的一致，一般寧可多宣告一個陣列元素（也就是保留 N + 1 個元素空間），而將編號 0 的元素放棄不用。

此外，在陣列中，對於索引的各個維度，我們習慣以第一維、第二維的方式稱呼。而在二維矩陣中，我們則習慣稱第一維為**列**（row），

第二維為**行**（column），而寫成 (row, col)。這個次序和我們在做二度空間（2D）處理時，第一軸為 x，第二軸為 y 的資料表示法 (x, y) 恰好相反，用二維矩陣來表達空間佈置時，須加以注意，以免混亂了思維。

矩陣的「列」與「行」還有一個麻煩點。在台灣，課堂上教的是「橫列」與「直行」，而大陸的用法是「直列」與「橫行」，恰與台灣相反。因此，在閱讀大陸的文獻時，需要注意此點。

4.1.1 矩陣相加減

兩個矩陣能夠相加減的基本條件是二者維度完全相同，只要二者有任一維元素個數不同，便不可以相加減。

從數學上的定義來看，矩陣 A 和 B 相加，而將所得和存在 C 矩陣的計算方式如下：

$$已知矩陣\ A_{m\times n} = [a_{ij}]_{m\times n} = \begin{bmatrix} a_{11} & a_{12} & .. & .. & a_{1n} \\ a_{21} & a_{22} & .. & .. & a_{2n} \\ : & : & . & . & : \\ : & : & . & . & : \\ a_{m1} & a_{m2} & . & . & a_{mn} \end{bmatrix},$$

$$B_{m\times n} = [b_{ij}]_{m\times n} = \begin{bmatrix} b_{11} & b_{12} & .. & .. & b_{1n} \\ b_{21} & b_{22} & .. & .. & b_{2n} \\ : & : & . & . & : \\ : & : & . & . & : \\ b_{m1} & b_{m2} & . & . & b_{mn} \end{bmatrix},\ 則$$

$$矩陣\ C_{m\times n} = [c_{ij}]_{m\times n} = \begin{bmatrix} c_{11} & c_{12} & .. & .. & c_{1n} \\ c_{21} & c_{22} & .. & .. & c_{2n} \\ : & : & . & . & : \\ : & : & . & . & : \\ c_{m1} & c_{m2} & . & . & c_{mn} \end{bmatrix} = A_{m\times n} + B_{m\times n}\ 的計算方式為$$

$$c_{ij} = a_{ij} + b_{ij} \tag{4-2}$$

因此，兩個二維（維度為 m×n）矩陣 A 和 B 的相加，由公式可知，只要將二矩陣中註標相同的元素相加即可。圖 4-1 所示便是此演算法。

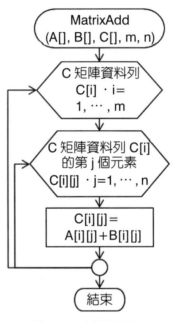

圖 4-1　矩陣相加

矩陣的減法與矩陣的加法完全相同，只是將式子中的加號改成減號而已。

4.1.2　矩陣相乘

兩個二維矩陣能相乘的先決條件是，式子中前方矩陣的後一個維度必須和式子中後方矩陣的前一個維度相同。以 A 矩陣乘以 B 矩陣而得到 C 矩陣為例，A 矩陣的維度為 m×p，而 B 矩陣的維度為 p×n，p 便是前述必須相同的維度。而 C 矩陣的維度則是「前方矩陣的前一個

維度 × 後方矩陣的後一個維度」，在此例中為 m×n。運算之數學定義
如下：

$$
二矩陣 A_{m \times p} = [a_{ij}]_{m \times p} = \begin{bmatrix} a_{11} & a_{12} & .. & .. & a_{1p} \\ a_{21} & a_{22} & .. & .. & a_{2p} \\ : & : & . & . & : \\ : & : & . & . & : \\ a_{m1} & a_{m2} & . & . & a_{mp} \end{bmatrix},
$$

$$
B_{p \times n} = [b_{ij}]_{p \times n} = \begin{bmatrix} b_{11} & b_{12} & .. & .. & b_{1n} \\ b_{21} & b_{22} & .. & .. & b_{2n} \\ : & : & . & . & : \\ : & : & . & . & : \\ b_{p1} & b_{p2} & . & . & b_{pn} \end{bmatrix}, 則相乘結果
$$

$$
矩陣 C_{m \times n} = [c_{ij}]_{m \times n} = \begin{bmatrix} c_{11} & c_{12} & .. & .. & c_{1n} \\ c_{21} & c_{22} & .. & .. & c_{2n} \\ : & : & . & . & : \\ : & : & . & . & : \\ c_{m1} & c_{m2} & . & . & c_{mn} \end{bmatrix} = A_{m \times p} \times B_{p \times n} 矩陣之計算公式
$$

$$
為 c_{ij} = \sum_{k=1}^{p} a_{ik} \times b_{kj} \circ \tag{4-2}
$$

　　由定義中可以看出，要計算 C 陣列中的元素 c_{ij}，我們必須取出 A
陣列的編號 i 列（內有 p 個元素）和 B 陣列的編號 j 行（內也是有 p 個
元素），然後將此二者中對應的資料兩兩相乘，最後加總這些乘積❶。
圖4-2所示的便是這個計算的示意圖，而圖4-3所示為其運算的演算法。

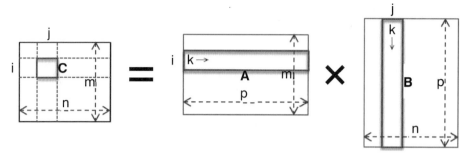

圖 4-2　矩陣相乘的觀念

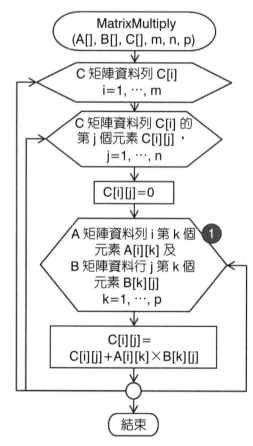

圖 4-3　矩陣相乘

4.2　三角矩陣

有些資料本身便具有多維度的特性，因此若以多維度的陣列來加以表達便十分容易理解。例如：客運票價表便是一例，在表的左方縱向列出的是起站，表的上方橫向列出的是訖站，起訖站在表格中的交點便是這段運輸的票價。這張表有幾個特性：首先，起站的清單和訖站的清單是完全一致的。換言之，它的列數等於行數，數學上稱之爲「方陣」。第二，對於大部分的票價表而言，二站間的票價是固定的，由 A 站到 B 站，以及由 B 站到 A 站的票價並無不同。這二項特點使得票價表以左上至右下 45° 連線爲對稱軸，左下的值和右上相對位置的值完全相同。換言之，這張表有一半的空間是浪費的。因此我們可以發現在許多地方的客運票價表便只以三角形的表格來呈現。

具有此類特性的矩陣，稱之爲三角矩陣。例如：右上角的三角形矩陣可用公式定義如下：

$$\text{一個 A 矩陣，當 } i > j \text{ 時，其元素 } a_{ij} = 0 \text{。} \tag{4-4}$$

其形狀如下：

$$A = \begin{bmatrix} a_{11} & a_{12} & a_{13} & .. & .. & a_{1n} \\ 0 & a_{22} & a_{23} & . & . & : \\ 0 & 0 & a_{33} & . & . & : \\ : & . & 0 & . & . & : \\ : & . & . & . & . & a_{(n-1)n} \\ 0 & 0 & .. & .. & 0 & a_{nn} \end{bmatrix} \tag{4-5}$$

比較式（4-1）和式（4-5）可以看出，這種二維資訊若以二維陣列來表示它，便會有將近一半的空間浪費掉。因此比較好的做法是將它降爲一維。以下便來進行這項工作：

假設宣告

```
int a[m+1];
int b[n+1][n+1];
```

其中 m 為 a[] 矩陣元素數，n 代表 b[][] 矩陣的列數和行數。

假設 b[][] 是右上角三角矩陣，且其對稱軸有意義（捷運站同站進出是要錢的），則所需要的一維陣列空間可以算出：

$$m = n + (n - 1) + \cdots + 2 + 1 = \frac{n(n+1)}{2} \qquad (4\text{-}6)$$

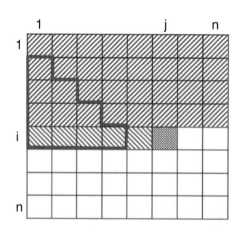

圖 4-4　右上角三角形矩陣轉為一維矩陣之計算

接著，進行轉換工作，假設採以列為主的儲存策略，將任意 b[i][j] 轉成對應的 a[k]。參考圖 4-4，計算 b[i][j] 和 b[1][1] 的距離，它包含幾個部分：

1. ▨部分：i − 1 個完整列（列號 1 至 i − 1），元素數 = (i − 1)×n。

2. ▨部分：j – 1 個元素在 b[i][j] 左方（行號 1 至 j – 1）。

3. ☐部分：上述範圍內，內容為 0 的元素數 = 0 + 1 + 2 + ⋯ + $(i - 1) = \dfrac{i(i - 1)}{2}$。

因此，起點 1 加上▨部分和▨部分再減掉☐部分，得到：

$$k = (i - 1) \times n + j - \frac{i(i - 1)}{2} \tag{4-7}$$

類似於此的問題有幾種可能的變化：

1. **對稱軸的元素有無意義？**捷運站是封閉站體，同站進出都要錢，故有意義。在其他例子中可能無意義。此時不僅影響前述轉換公式（4-7）的計算，連式（4-6）計算元素個數 m 的值都可以再扣除 n。

2. **三角矩陣的形狀：**對角線的軸可以由左上至右下，也可以由左下至右上，而對於一個對稱軸又可以有上下二個三角形。因此，三角矩陣便有四種可能形狀。

3. **陣列存放可能是列為主，或是行為主。**

考量前三項變數，可知三角矩陣的轉換有 2×4×2 = 16 種不同的狀況。狀況雖多，原理相同。

4.3　以查表代替計算

由於 CPU 的功能有限，有許多計算並無法直接由 CPU 的指令對應完成，而是必須叫用函式庫內的函式來模擬逼近，這些運算基本上都相當耗費時間與空間，最常見的例子是三角函數。雖然在書本中介紹公式或是在其範例程式中直接使用三角函數，但那是觀念的闡述，必須忠於理論。實務上，除非要求精確，否則我們寧可用近似的方法來替代，而

不讓三角函數出現在程式之中。

　　用近似值代替計算的方法之一便是使用查表法。在主要程式之外，另外寫一支工作程式，這支程式只是程式師自己使用，再大再耗時間也沒關係，用它將複雜的計算結果先算出來，再將這些計算結果於主要程式中建立成陣列，而原先要叫用複雜函數來計算的工作則改成到陣列中去查詢「近似值」。以三角函數 $\sin(\theta)$ 為例，在工作程式中，我們先算出 $5°$，$15°$，$25°$，… 至 $355°$ 的所有 $\sin()$ 值，這些值用在主要程式中建為陣列，需要計算 $\sin(\theta)$ 時，只需要將 θ 除以 10 取整數，然後用作索引值去查表即可。

　　另一種以查表代替運算的目的是讓計算簡化。例如：以二維陣列作為座標參考系統而作空間運動時，每次改變位置必須同時更動其列編號及行編號，而根據移動規則之不同，這些所謂的更動並不一定只有加一或減一而已。例如：以西洋棋的騎士為例，它可以向四方以「L」的形狀移動。換言之，它可以向四方先走兩步，然後再選擇往左或往右走一步。因此，對於一隻騎士而言，它的下一步最多可以有八種選擇。以現在座標為 (r, c) 為例，它的下一步座標可以有如圖 4-5 所示的八種選擇。要如何方便而有效的掌握騎士的運動？

	c-2	c-1	c	c+1	c+2
r-2		(r-2, c-1)		(r-2, c+1)	
r-1	(r-1, c-2)		1　0		(r-1, c+2)
r		2 / 3	(r, c)	7 / 6	
r+1	(r+1, c-2)		4　5		(r+1, c+2)
r+2		(r+2, c-1)		(r+2, c+1)	

圖 4-5　騎士的移動

查表法可以這麼作：用一個變數，例如：叫 dir ，記錄騎士的移動方向，而且定義它往上右拐為方向值 0，然後依逆時針方向增加 dir 定義值，如圖 4-5 箭號上的編號。再定義如下的座標移動變化量陣列：

$$dr[0] = -2; dr[1] = -2; dr[2] = -1; dr]3] = 1; dr[4] = 2;$$
$$dr[5] = 2; dr[6] = 1; dr[7] = -1;$$
$$dc[0] = 1; dc[1] = -1; dc[2] = -2; dc]3] = -2; dc[4] = -1;$$
$$dc[5] = 1; dc[6] = 2; dc[7] = 2;$$

（4-8）

當騎士現在的座標在 (r, c) 時，便可以很方便的查出它的下一步落腳處為 (r + dr[dir], c + dc[dir])。

運用回溯法時，演算法中常常需要「從現況推出所有可能的下一步」，而在上述的設計中，此項需求僅代表 dir 值由 0 遞增至 7 而已。

習題

1. 對於一個 n×n 矩陣 A ，其元素 $a_{ij} = 0$ ，if i ≤ j 。請計算矩陣 A 中已知為 0 的元素個數。

2. 請推導上一題矩陣 A[] 的非 0 元素 A[i, j] 轉成一維後，對應到的一維矩陣之索引值 k。

3. 已知二矩陣 A、B 如下，求 C = A×B 值：

$$A = \begin{bmatrix} 1 & 4 \\ 2 & 5 \\ 3 & 6 \end{bmatrix}, B = \begin{bmatrix} 1 & 2 & 3 \\ 4 & 5 & 6 \end{bmatrix} 。$$

4. 討論 4.3 節中，用陣列預存值取代實際角度計算這個做法有無進一步改良處。

5.【質數篩選】所謂「質數」（Prime Number）是指在大於 1 的自然數中，除了 1 和該數自身外，無法被其他自然數整除的數，如何求取不同的質數一直是數學家研究的課題。西元前 250 年，古希臘數學家埃拉托斯特尼提出的一種簡單檢定質數的算法，被命名為「埃拉托斯特尼篩法」（Sieve of Eratosthenes）。其方法如下：給出要篩數值的範圍 n，由 2 開始逐步找出 $\sqrt{n}$ 以內尚未被篩除的數便是質數，再用該質數篩除其倍數值。換言之，2 是質數，用 2 去篩，把 2 的倍數全剔除掉；再用下一個質數，也就是 3 篩，把 3 留下，把 3 的倍數剔除掉；不斷重複下去 ……。之後（$\sqrt{n}$ 到 n 之間）序列中剩下的所有數則全都是質數。請設計一個演算法用陣列來實作這個方法。

6.【魔術方陣】中國古代傳說中，當政聖王如有德政時，上天會授予「河圖洛書」，以象徵天子天命所歸，有合法統治的權威。後來許多研究者認為它們是重要的中國傳統易理哲學的一部分，而將它們廣泛應用於風水、占卜等術數中。圖 E4-1 所示的乃是記載於許多古籍中的「洛書」。近代許多研究易經者都有提及。在此我們將僅從數字上做一點有趣的研究。

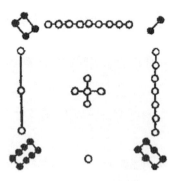

圖 E4-1　洛書圖

若將一個平面劃分為九宮格，再將洛書中的圓圈個數依方位填入，便可得到如圖 E4-2 所示的方陣。這個方陣不論在橫向、縱向、或是斜角方向，三個數字加起來均為 15。 一般稱此類的方陣為「魔術方

陣」。

4	9	2
3	5	7
8	1	6

圖 E4-2　3×3 魔術方陣

研究一下此魔術方陣數字填入的規則（在此 n 為 3，列編號與行編號均為 0 至 n − 1）：

(1) 1 填於最底一列正中央的格子；

(2) 接續數字則試著往其右下方填：列與行編號各加 1，若超出格外，則由另一邊繞進來；若該格為空，則加以填入；

(3) 若前一條所算出的格子已被填入，則將現在的列編號減 1（若超出格外，則由下邊繞進來）後填入。

此規則是否對所有的方陣均適用呢？已有人證明只要 n 是奇數，這些規則均可用於產生 n×n 的魔術方陣。請設計其演算法。

7.【生命遊戲】生命遊戲是英國數學家康威在 1970 年發明的細胞自動機，其中每個細胞有兩種狀態——存活或死亡，而每個細胞與以其自身為中心的周圍八格細胞鄰居依據下列規則進行互動：

(1) 一個存活細胞周圍的其他存活細胞數低於 2 個時，該細胞會變成死亡狀態（孤寂而死）；

(2) 一個存活細胞周圍的其他存活細胞數為 2 或 3 個時，該細胞保持原樣（適合居住）；

(3) 一個存活細胞周圍的其他存活細胞數為 4 個以上時，該細胞變成死亡狀態（擁擠而死）；

(4) 一個死亡細胞周圍的周遭有 3 個存活細胞時，該細胞會變成存活狀態（適合繁殖）。

請設計生命遊戲的演算法。

5

連結串列資料結構

	0	1	2	3	4	5	6
0	1	1	1	1	1	1	1
1	1	1	0	0	0	1	1
2	1	*	0	1	0	1	1
3	1	1	1	0	0	0	1
4	1	1	0	0	1	0	1
5	1	1	1	1	1	0	1
6	1	1	1	1	1	1	1

Chapter 5 　連結串列資料結構

　　學生時代所用的筆記本都是固定裝訂式的，而且為了節省費用，往往將多個科目的筆記寫在同一本之中，因為有的科目內容很少，獨自占用一本實在很可惜。寫在同一本也可減省書包重量，減少忘了帶筆記本的情形。然而，大約到了期中的時候，有的科目內容比原先估計的多，分配給它的頁數已寫滿，接下去的一頁早已分配給其他科目並已寫上內容。此時的應變方案是找到一個合適的空白頁，然後在原已寫滿的那一頁尾端註上「下接某頁」（空白頁的頁碼），而在空白頁的上端註記「上承某頁」（原寫滿的最後一頁頁碼），如此便可以繼續用下去。同樣的，如果在使用中不慎夾頁翻過，致使中間有空白頁發生時，也可以在空白頁的前後頁用前述的「下接」、「上承」方法來略過空白頁，而該空白頁便可以做其他用途而不至於與前後頁混淆。再運用同樣的技巧，我們便可以在任何位置插入其他的頁。甚至，在每一頁都加上「下接」、「上承」之後，我們便可以任意編排一本實際位置並沒有變動的筆記本之邏輯次序。

　　利用前述的觀念，我們可以將陣列資料結構的觀念加以解構，以解決其面臨的問題。在陣列中，各個元素依序存放在一起，因此造成插入與刪除元素時需額外移動其他不相干元素的困擾。如果我們將各個資料元素均視為獨立的個體，不再限制它們一定比鄰而居，而是在各個元素中加入一個新欄位來記錄它的下一筆在哪裡，如此便形成「連結串列」資料結構。如圖 5-1 所示，在這種結構中，每一個資料「節點」由二個欄位組成，data 欄位存放資料值，next 欄位記錄下一筆資料節點的位置。只要記錄第一筆的位置（我們一般稱之為首節點 head），其他的節點均可以透過 next 欄位逐步取得。

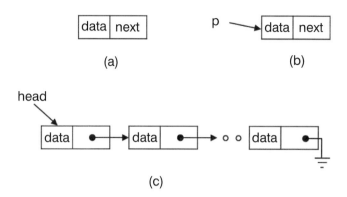

圖 5-1 連結串列的概念：(a) 單一節點的結構；(b) 指向節點的指標；(c) 連結串列概念圖

5.1 連結串列的實作

要實作連結串列，有三種方法可以達成，以下分別敘述。

5.1.1 用陣列元素組成資料節點

宣告二個陣列，一個陣列名為 data[]，另一個陣列名為 next[]，這二個陣列具有相同數量的元素，而索引值相同的二個元素則「在觀念上」組成一個資料節點。圖 5-2 便是此種概念。任何語言均可以實現它，將來不論節點的欄位有多少，只要針對欄位的增減來添減所需陣列的宣告即可。

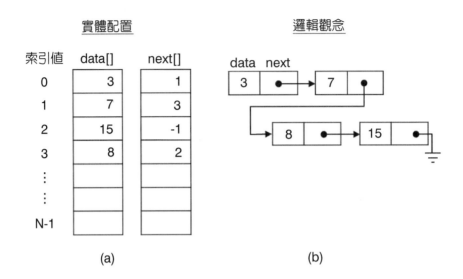

圖 5-2　以陣列實作連結串列：(a) 實體配置為二個獨立的陣列；(b) 邏輯上組成一個連結串列

5.1.2　以結構陣列實作連結串列

　　有些語言（像 C, C++, Java…… 等等）具有宣告「結構」資料型別的能力。換言之，設計師可以將數個不同的資料型別組合成一種新的資料型別，用這種資料型別來宣告一個陣列時，各個陣列元素便是一個結構，結構便直接構成資料節點。

　　例如：先定義一個結構稱為 node，它的內容由整數 data 及另一個整數 next 所構成：

```
struct node{
    int data;
    int next;
};
```

再用 node 宣告一個由結構元素所組成的陣列 list：

```
struct node list[50];
```

　　圖 5-3 所示的便是此觀念。這個做法的好處是 data 和對應的 next 是存放在一起的，你可以想像筆記本中的每一頁已印好「下接 ＿＿ 頁」的字樣，使用時只要填入數字即可。

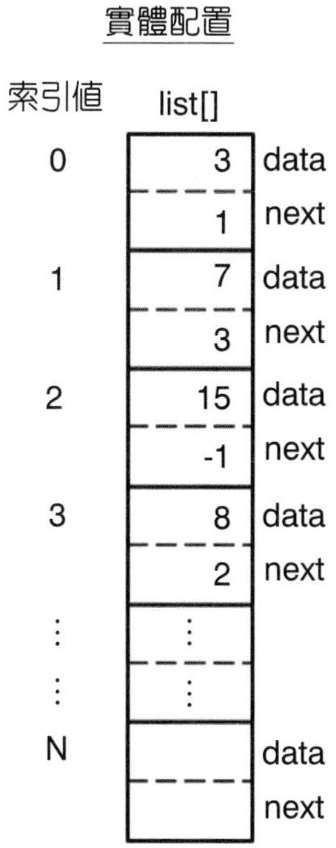

實體配置

圖 5-3　以結構陣列實作連結串列

5.1.3　用動態記憶體來實作連結串列

　　相對於前面的做法，我們可以更進一步的思考，把筆記本改成用活頁本。也就是說，需要新頁的空間時，我們再添入新頁。由於臨時添

加的資料節點是向系統要來的，它實際存放的位置便由系統臨時決定，因此各節點之間完全不相干，彼此間唯一的關聯便是在 next 欄位中所記錄的下一筆位置。而且，此時的 next 欄位必須擴大成為「位址指標」，因為它現在要記錄的是實體位址值，而不再只是陣列元素的索引。

　　這個做法的好處是「用多少，取多少」，不像陣列宣告後占用了一大塊空間，卻常有許多元素空著。缺點是實體位址指標占的空間不小，實際資料在節點中所占的空間相對小得多，是否真的節省，值得懷疑。再一個問題是需要較高的程式設計功力，很多人被 C 語言的 * 及 & 弄得暈頭轉向，稍有不慎，位址指標使用了不該使用的空間，系統便會當得死機。指標操作沒弄好，斷了連結的資料將永遠占用記憶體，除非系統重新開機，否則系統可用的記憶體空間將越來越少。此外，一般描述語言或是在網頁上使用的語言，為了安全考量，也不容許使用動態記憶體。

　　在往下的討論中，我們將以圖 5-1(a) 所示的方式來代表一個節點，而以圖 5-1(b) 所示的方式來指稱一個節點。其中 p 稱為指向此節點的「指標」（在使用陣列來實作的作法中，這個指標其實便是索引），而採用 C 語言慣例的「->」符號來代表指標的「指向」關係。因此 p-> data 代表 p 所指向的節點內的 data 欄位值，而 p -> next -> data 便代表 p 所指向的節點的下一個節點的 data 欄位值。當 next 欄位值為 −1（或是用符號 NULL 來代表此值）時，代表此節點沒有下一個節點。在後面的討論中，有時為了行文簡潔起見，我們可能會將「p 所指向的節點」直接簡稱為「p 節點」。針對一個連結串列，我們用一個指標 head 指向它的第一個節點，若 head 值為 −1，代表此串列尚無節點存在，稱為空串列。值為 −1 的指標稱為空指標，在圖解中，我們將以接地的符號來代表空指標。

5.1.4 節點池

使用陣列來製作連結串列表示我們要自行做所有節點空間的管理。在開始使用之前，我們必須先用圖 5-5 所示的演算法將所有節點串連起來，並用指標 AVAIL 指向其首端。AVAIL 所指的連結串列便稱為「節點池」，圖 5-4 為其概念。需要節點時使用圖 5-6 的 GetNode() 到此來取用，被取用的節點則自 AVAIL 串列中移除。不再需要的節點（自其它連結串列移除後），則以圖 5-7 的 ReleaseNode() 歸還到 AVAIL 串列循環使用。

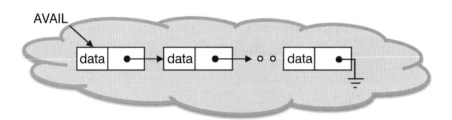

圖 5-4　節點池的觀念

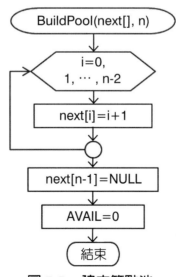

圖 5-5　建立節點池

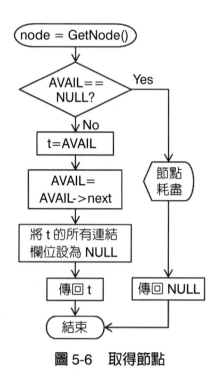

圖 5-6 取得節點

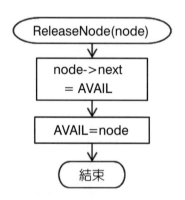

圖 5-7 回收節點

這幾個演算法的執行細節已經涉及連結串列的操作，在此暫不去討論這些細節。在下一節的討論之後，您便可以發現，節點池串列的處理只是連結串列操作的一個案例而已。

5.2 單向連結串列

和連結串列相關的操作，最基本的還是查詢、新增、及刪除。

連結串列的操作基本上都是各個連結的增刪或是調整，做好這類操作的重要關鍵是理好它們之間的順序。技巧是先繪出這些操作各個連結的「Before vs After」圖形，分析二者之不同，再去進行增刪或調整。此時，需謹記兩個原則：

1. 若有新增的連結，先將它們建好。
2. 至於調整的連結，在確認被指向的節點已被妥善的連結前，不要隨便拆掉舊連結。

為避免無謂的複雜度，在本章中，傳入演算法中參與指定運算的指標 p 與 q 均假設不為空指標，應在演算法之外進行這項確保。

首先以本章一開始的概念敘述圖 5-1 為討論對象，連結串列節點的欄位中，只有一個用於連結時，稱之為單向連結串列。

5.2.1 節點的走訪

要走訪連結串列中特定的某一筆資料所存放的節點（或是發現它不存在）的方法和陣列十分類似，只能由第一筆（首節點 head）開始逐筆循著連結往後尋找❶，直到找到資料，或是抵達尾端仍未發現❷為止。圖 5-8 所示的演算法，便是要在 head 所指的連結串列中查詢資料 d 是否存在。請注意，在演算法中不論找到與否，我們均傳回 p1 的值，只是沒找到時 p1 為 NULL。

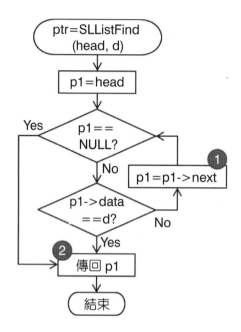

圖 5-8　尋找指定資料

在以下各節所介紹的不同連結方法中，資料的查詢工作實質並無改變，因此將不再重複。

5.2.2　新增一個節點

從使用者的角度來看，對於資料儲存的新增談的應該是「資料」，而非「節點」。然而，對於資料結構的操作而言，所謂的「新增資料」應該包括兩個動作：

1. 取得一個新「節點」，將新資料存入此節點的資料欄位。

2. 將此新節點加入到資料結構中。

這二個動作中，第一個動作是固定的（例如：節點池的 GetNode() 便可取得新節點），與資料結構的設計技巧無關，因此，在以後的討論中，我們均假設它已完成，q 將指向此新建的節點。而只討論節點的新

增。

要在一個連結串列的指定位置插入一個新節點有兩種可能，一個是插入到指定的節點之前，另一種是插入到指定的節點之後。分別探討之：

1. 插入到指定節點之前

圖 5-9 所示的演算法將 q 指向的節點加入到 p 所指向的節點之前，圖 5-10 則是此演算法的分解動作圖解，請先參看其中的 (a)。如同前面所提示的連結操作原則，第一步我們先將新增的連結建好**①**。

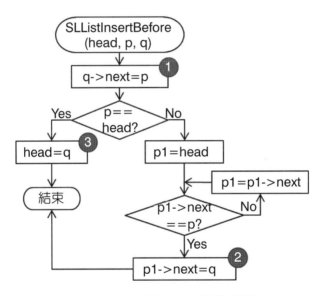

圖 5-9　將 q 節點加入 p 節點之前

將新節點插入到 p 節點前之後，此新節點將成為「p 節點原來的前一個節點」的下一個節點，然而我們並無法直接由現有資訊得知「p 節點原來的前一個節點」為何。因此我們必須依上一節所介紹的方法，利用指標 p1 由連結串列的第一個節點找起，直到 p1 的下一個節點為 p 為止。此時便可拆掉 p1 指到 p 的連結而改指向 q **②**。至此大功告成。

　　然而設計演算法最麻煩的是要注意一些枝微末節的狀況（稱之為「邊際狀況」）。前述的操作是在 p 節點「原來真的有前一個節點」的假設下才能正確操作，萬一不是呢？此狀況發生在 p 節點即是首節點時，請參見圖 5-10(b)。此時，前述的 p1 操作已不再需要，而是直接將 q 節點設為首節點**3**。

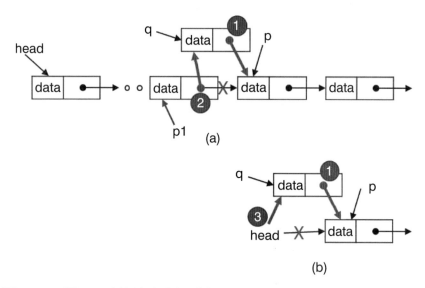

圖 5-10　圖 5-9 演算法之分解動作：(a) 理想狀況；(b) p 為首節點

2. 將 q 所指的節點加入 p 所指節點之後

　　相較於前一種操作，插入到指定節點之後顯得簡單得多，因為需調整的連結均已備齊。圖 5-11 是演算法流程圖，圖 5-12 為其分解動作圖解。先建立新連結**1**，再調整舊連結**2**。請注意，現在的可能邊際狀況是 p 節點為整個連結串列的最末一個節點。不過在此狀況下，本演算法並不需做任何改變。

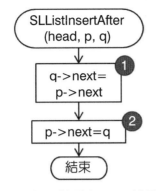

圖 5-11　將 q 節點加入 p 節點之後

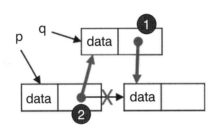

圖 5-12　圖 5-11 演算法之分解動作

5.2.3　刪除一個節點

　　類似於新增節點的討論，從使用者的角度來看，對於資料的刪除談的應該是「資料」，而非「節點」。然而，對於資料結構的操作而言，所謂的「刪除資料」應該包括三個動作：

1. 找到欲刪除資料在整個資料結構中的存放節點位置；
2. 將前述找到的節點（如果有的話）由資料結構中刪除；
3. 自資料結構中刪除的節點應該歸還給節點池或是系統。

這三個動作中，第一個動作是固定的，我們在 5.2.1 節中已加以討論過，因此在以後的討論中，我們均假設它已完成，而只討論節點的刪除。

　　要刪除一個節點，實際便是將「指定節點的前一個節點」原先指向

它的連結繞過去。但是這邊還是面臨前面需要知道「指定節點的前一個節點」的同一個問題，於是又用 p1 找出 p 的前一個節點，再調整 p1 的連結❶。參見圖 5-13。

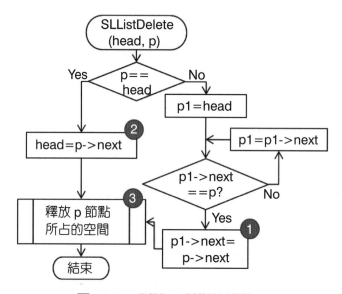

圖 5-13 刪除 p 所指的節點

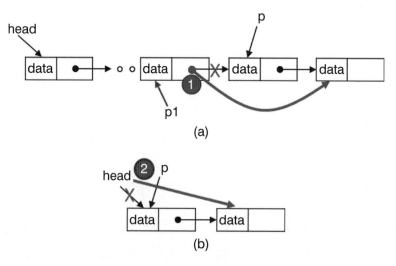

圖 5-14 圖 5-13 演算法的分解動作：(a) 理想狀況；(b) p 為首節點

然而，如圖 5-14 分解動作所示，我們必須考慮 p 可能便是首節點的可能。此時只要直接將 p 的下一個節點指定爲首節點即可❷。

完成繞道之後，已不再需要的 p 節點必須歸還給節點池❸。

5.3　環狀連結串列

有些應用並不會允許使用者在連結串列的任意位置進行插入或刪除，而是僅開放連結串列的首端或是尾端。後面將要介紹的堆疊和佇列便是兩個例子。用前一節的單向連結串列來處理並無不可，但它馬上面臨的一個問題是，它只有 head 指標記錄著首端，因此要對尾端進行插入或刪除時，第一個動作又是須先循著 next 指標一路找到尾端的節點才行。解決的方案之一是再用一個指標記錄其尾端，代價是需多照顧一個指標。本節將介紹另一種方案：環狀連結。

所謂環狀連結串列，是將原先尾端節點設爲 NULL 的指標改爲指向首節點，而讓整個 next 指標連成一個循環。更重要的是，負責記錄此連結串列的指標不再指向首節點，而改指向末節點，這個指標隨之改稱爲 tail。指向尾端有一個好處，tail -> next 便是首節點，因此首尾可兼顧。圖 5-15 所示的便是其示意圖。

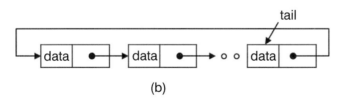

(b)

圖 5-15　環狀連結串列示意圖

前一節所述的節點增刪演算法只要稍加修改後即可適用於此，因此不予贅述，本節的重點將著重在首尾節點的增刪。

5.3.1 新增一個節點於首端

參看圖 5-16 之演算法與圖 5-17 之分解動作，當原串列為空串列時，新增的節點即成為末節點❸，同時其 next 指標指回自己（它同時也是首節點）❷。如果不是，就將它插入到 tail 及 tail -> next 之間❶❷，其餘不受影響。

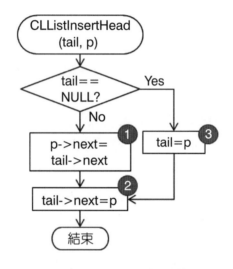

圖 5-16 插入節點於環狀連結串列首端

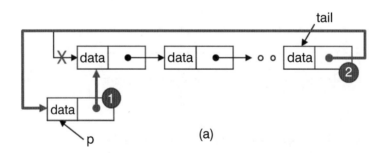

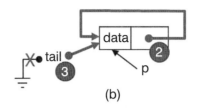

(b)

圖 5-17　圖 5-16 演算法的分解動作：(a) 理想狀況；(b) 原串列為空串列

5.3.2　新增一個節點於尾端

　　和前一小節一樣，邊際狀況發生在原串列為空串列時，其處理方式也類似❸❹，因為此時沒有所謂的首尾之分了。

　　若是理想狀況，先建立新的連結❶、修改舊連結❷以便完成插入，最後讓新節點成為末節點❸。參閱圖 5-18 及 5-19。

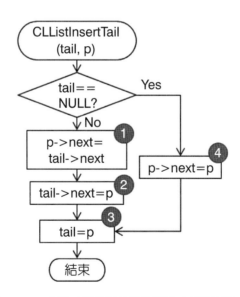

圖 5-18　插入節點於環狀連結串列尾端

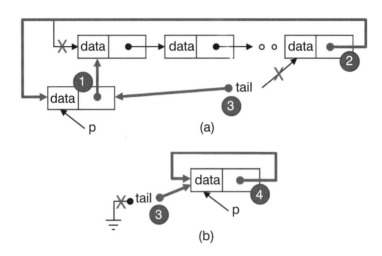

圖 5-19　圖 5-18 演算法的分解動作：(a) 理想狀況；(b) 原串列為空串列

5.3.3　刪除首節點

　　欲由一個環狀連結串列刪除其首節點時，先用 p 指標將欲刪除的首節點記錄起來❶，然後修正指標將它繞過❷。但在這之前又必須考量另一種邊際狀況：這是原串列的最後一個節點，此時❷就沒有功用，而須直接將 tail 設為 NULL ❸。最後當然是釋放現在由 p 抓住的節點所佔的空間了。若是使用節點池，此時便可使用 ReleaseNode(p)。詳細請參閱圖 5-20 及 5-21。

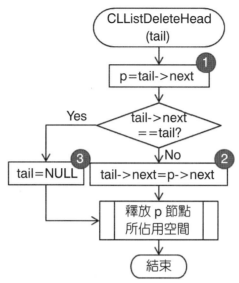

圖 5-20　刪除環狀連結串列首節點

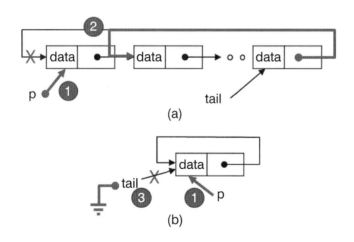

圖 5-21　圖 5-20 演算法的分解動作：(a) 理想狀況；(b) 原串列中僅剩一個
節點

5.3.4 刪除尾節點

邊際狀況和前一小節刪除首節點時所遭遇的一樣，p 指標的功用也相同❶，因此在此不重複。

此處比較麻煩的是我們沒有末節點的「前一個節點」的資訊，於是用 p1 從頭找的老戲碼再度重演，請參閱 5.2.2 節的介紹。p1 完成其工作時，即指向 tail 的前一個節點。於是，將原來的末節點由連結中繞道❷，再指定新的末節點❸。詳細請參閱圖 5-22 及 5-23。

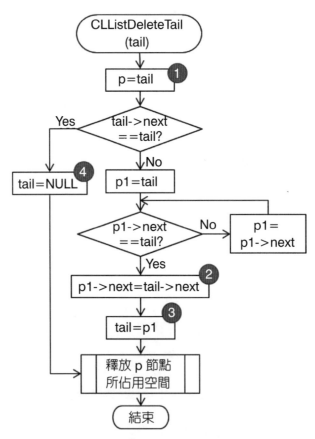

圖 5-22 刪除環狀連結串列尾節點

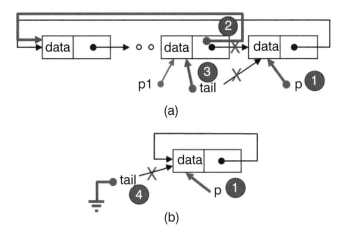

(a)

(b)

圖 5-23 **圖 5-22** 演算法的分解動作：(a) 理想狀況；(b) 原串列中僅剩一個節點

5.4 雙向連結串列

在前一節的操作中，我們往往需要花時間去找出一個節點的「前一個節點」才能完成需要的工作，這是一樣額外的負擔。雙向連結可以解決這個問題。所謂雙向連結是除了原來的一個往後的連結之外，再加上一個往前的連結 prev 來記錄該節點的前一個節點。圖 5-24 繪出了雙向連結節點結構及連結串列的示意圖。必要時，除了原先的 head 指標之外，我們也可加上一個 tail 指標指向連結串列的最末一個節點。

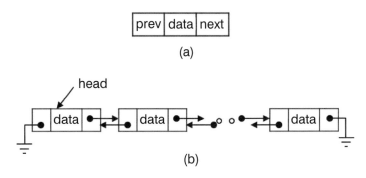

(a)

(b)

圖 5-24 雙向連結串列示意圖：(a) 節點結構；(b) 連結串列

5.4.1 新增一個節點

跟前面一樣,分成插入到指定節點之前以及之後二種要求來探討它。

1. 將 q 所指的節點加入 p 所指節點之前

參照比較圖 5-25 和圖 5-9 的流程圖可知,現在我們已經不需要額外花力氣去尋找 p 節點的前一個節點。然而,連結數加倍也讓工作變複雜。圖 5-26(a) 是理想狀況,圖 5-26(b) 則是 p 為首節點的邊際狀況,不論在何者,我們都是先建立新連結❶❷❺,再來調整舊連結。

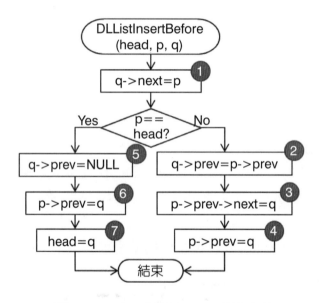

圖 5-25 將 q 節點加入 p 節點之前

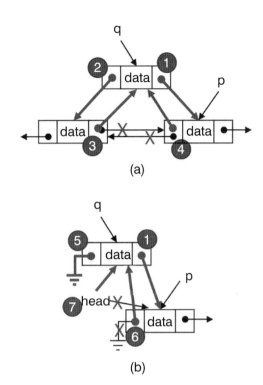

(a)

(b)

圖 5-26　圖 5-25 演算法的分解動作：(a) 理想狀況；(b) p 為首節點

2. 將 q 所指的節點加入 p 所指節點之後

　　由於現在有一個由後往前（或稱為由右到左）的 prev 指標，p 節點「沒有下一個」節點的邊際狀況（也就是 p 節點為串列之末節點），便和「沒有前一個」的邊際狀況（也就是 p 節點為串列之首節點）一樣，不可忽略。不過這項工程不大，只是 p 節點沒有下一個節點，自然也就沒有 prev 連結指向它了，因此動作❸便須改成動作❹。請仔細比對圖 5-27 之流程圖及圖 5-28 之分解動作。

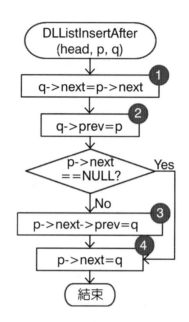

圖 5-27　將 q 節點加入 p 節點之後

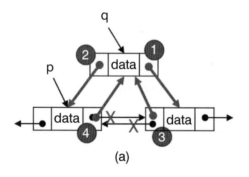

(a)

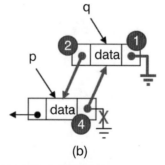

(b)

圖 5-28　圖 5-27 演算法的分解動作：(a) 理想狀況；(b) p 為末節點

5.4.2 刪除一個節點

圖 5-29 所示的是將 p 節點由連結串列中移除的流程圖。雖然看起來並不複雜，眞正複雜的是在此操作可能會面對的邊際狀況。請參閱圖 5-30，我們將逐一加以說明。

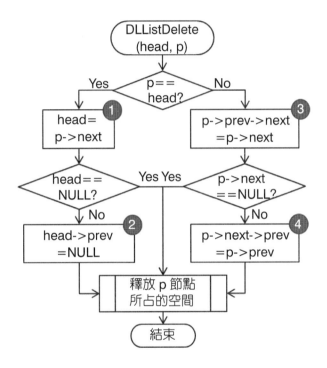

圖 5-29 刪除 p 所指的節點

圖 5-30(a) 是最理想狀況，p 節點的前一個節點與下一個節點均存在，因此將前後的連結繞過 p 節點即可❸❹。

在圖 5-30(b) 的狀況中，p 節點是首節點，因此它沒有前一個節點。我們除了將首節點的角色交給其下一個節點外❶，亦須將新首節點的 prev 連結設爲 NULL ❷。

在圖 5-30(c) 所示的狀況，p 節點是整個串列中唯一的節點，因此它不僅是首節點，它的前一個節點與下一個節點也都不存在。我們唯一

能做的是將此連結串列設為空的❶。

最後，在圖 5-30(d) 所示的狀況中，p 節點是整個串列的最末一個節點，因此僅需調整一個❸連結。

所有的狀況分析起來似乎相當複雜，可是歸結起來真正不同的連結操作也只有四種而已。這是因為在設定連結新值時，採用的另一個指標舊值恰好可以涵蓋一些邊際狀況。因此仔細分析圖解與調整各指標操作的順序，即使面對複雜的狀況也可以設法縮小演算法的規模。

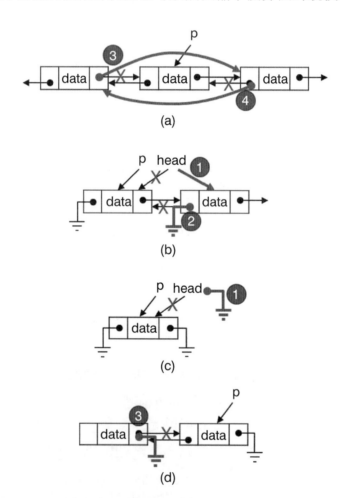

圖 5-30　圖 5-29 演算法的分解動作：(a) 理想狀況；(b) p 為首節點；(c) p 為唯一的節點；(d) p 為末節點

5.5 加入標頭節點的單向連結串列

　　邊際條件未能發現並予以妥善處理，往往是一個演算法或程式失敗的主要原因，因此如果能從結構上便設法避開一些邊際條件，對於演算法或程式的設計者將可減少許多負擔。前面常碰見的一個邊際條件是處理的對象本身便是首節點，另一個則是處理前或處理後連結串列為空串列。解決這個問題的方法是在連結串列前方（或是尾端，視需要而定）加入一個「標頭節點」（Header）。標頭節點的資料欄位不存在東西，而其連結欄位則指向原先的首節點。標頭節點和其他節點的格式完全相同，因此能進行的操作也一模一樣，只是不可將其刪除。此時，當串列中只有一個標頭節點時，串列的內容便是空的。在圖示時，我們習慣將標頭節點加上斜線陰影，以資識別。

　　任何連結均可加入標頭節點，本節僅以單向連結串列為例說明。圖5-31 為其示意圖。

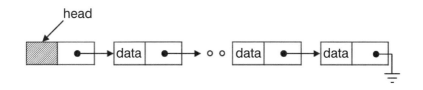

圖 5-31　加上標頭節點的單向連結串列

　　加入標頭節點之後，所有的資料節點均有「前一個節點」，連結串列也不再有空串列的情形（至少還會有一個標頭節點存在）。

5.5.1　新增一個節點

　　跟前面一樣，分成插入到指定節點之前以及之後二種要求來探討它。

1. 將 q 所指的節點加入 p 所指節點之前

　　比較圖 5-32 和圖 5-9 便可以發現，加入標頭節點對於本操作的好處就是現在不必再去管 p 節點恰好是第一個資料節點（沒有標頭節點時，它便是首節點）的邊際狀況了。圖 5-33 所示的分解動作也清爽許多。

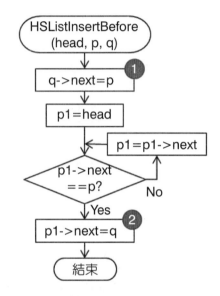

圖 5-32　將 q 節點加入 p 節點之前

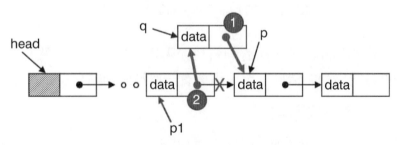

圖 5-33　圖 5-32 演算法的分解動作

2. 將 q 所指的節點加入 p 所指節點之後

　　加入標頭節點對於本操作完全沒有影響，請參見圖 5-11 之流程圖及圖 5-12 之分解動作圖解。

5.5.2　刪除一個節點

　　比較圖 5-34 和圖 5-13 便可以發現，加入標頭節點對於本操作的好處就是現在不必再去管 p 節點恰好是第一個資料節點（沒有標頭節點時，它便是首節點）的邊際狀況，圖 5-35 所示的分解動作也清爽許多。但新增的邊際狀況是不可以試圖刪除首節點❷，因為它是標頭節點。

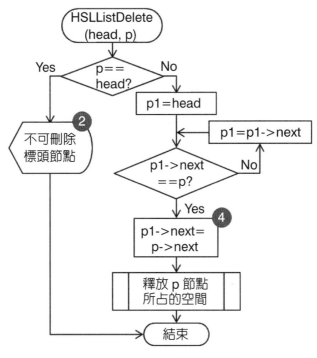

圖 5-34　刪除 p 所指的節點

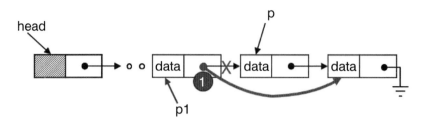

圖 5-35　圖 5-34 演算法的分解動作

5.6　加入標頭節點的雙向連結環狀串列

雙向連結基本上解決了尋找一個節點的「前一個節點」的問題，但由 5.4 節的討論可知，它又帶入了 p 為末節點的這個邊際狀況需要處理。其實這不難理解，對於由前往後的 next 連結而言，首節點是它的邊際狀況，對於由尾指向往前的 prev 連結而言，末節點當然也是它的邊際狀況。解決此問題的方案是將它變成環狀連結串列，也就是將其尾端的 next 指標繞回到前頭指向首節點，而首節點的 prev 指標也是比照處理，指向末節點。

因此我們將標頭節點、雙向連結、以及環狀連結這些技巧全部加在一起，看看有何好處。

5.6.1　新增一個節點

由於環狀連結將串列尾端連回至標頭節點，因此前述的許多邊際狀況均不再出現了。圖 5-36 是將 q 所指的節點加入 p 所指節點之前的演算法，其分解動作圖解見圖 5-37。圖 5-38 則是將 q 所指的節點加入 p 所指節點之後的演算法，其分解動作圖解在圖 5-39。

5.6 加入標頭節點的雙向連結環狀串列

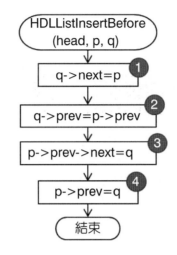

圖 5-36　將 q 節點加入 p 節點之前

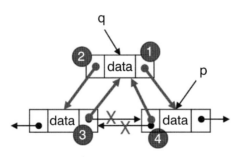

圖 5-37　圖 5-36 演算法的分解動作

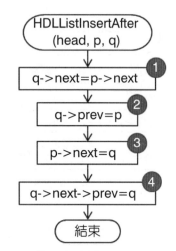

圖 5-38 將 q 節點加入 p 節點之後

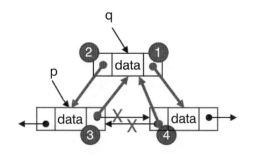

圖 5-39 圖 5-38 演算法的分解動作

5.6.2 刪除一個節點

除了不能刪除標頭節點外,不需擔心任何邊際狀況。圖 5-40 為流程圖,圖 5-41 為其圖解。

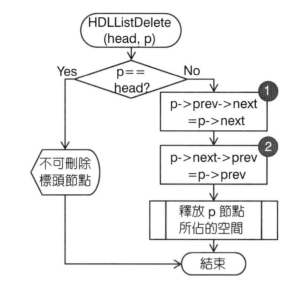

圖 5-40　刪除 p 所指的節點

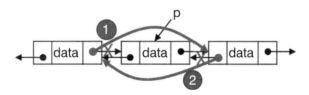

圖 5-41　圖 5-40 演算法的分解動作

習題

1. 有時候資料結構會遇到這樣一個問題：在此資料結構中，總共存放了
　　幾筆資料？請為連結串列資料結構設計一個演算法回答這個問題。

2. 假設 p 和 q 分別指向二個內容已依鍵值大小由小至大排列好的連結串
　　列，試設計一個演算法將 q 所指的連結串列合併到 p 去。當發生 p 和
　　q 所存節點的鍵值相同時，原在 p 的節點應排在來自 q 的節點之前。

3. 【103 年高考考題】設計一個演算法將單向連結串列的節點順序加以

反向。

4.設計一演算法將二個連結串列進行串接。

5.在圖 5-7 的演算法中，ReleaseNode(p) 將 p 所指的節點回收至節點池以供再用，但它一次只能回收一個節點，若有一整個連結串列均不再需要時，設計一個演算法將它裡面的所有節點一次回收。

6

連結串列的應用

	0	1	2	3	4	5	6
0	1	1	1	1	1	1	1
1	1	1	0	0	0	1	1
2	1	*	0	1	0	1	1
3	1	1	1	0	0	0	1
4	1	1	0	0	1	0	1
5	1	1	1	1	1	0	1
6	1	1	1	1	1	1	1

陣列和連結串列是兩個主要的基礎，後面各章所介紹的資料結構或是演算法均可由此二者建構而成。而在許多案例中，二者都可勝任。本章僅舉幾項用陣列無法有效率表達，而必須使用連結串列的應用。

6.1　稀疏矩陣

陣列的宣告很輕易便可以取得一大塊空間，例如：10×10 的陣列可以有 100 個元素，若再加上一維也是 10，則有 $10 \times 10 \times 10 = 1000$ 個元素。可是在一些應用中，這些元素卻可能大部分是沒用的。例如：

1. 中小學和大學很大的一個不同點是班級、教室、座位是固定的，因此講桌上大都有一張點名表，繪出所有座位、座號及姓名，教師只要對照一下圖表和在場人頭，便可以快速而準確的完成點名動作。如果我們要用陣列來記錄全部的資訊，針對每一項因子（週次、星期、堂次、座號等等）各宣告爲一維的話，針對一個班，一個學期我們便需要 18（一學期有 18 週）× 5（每週上班 5 天）× 8（每天有 8 堂課）× 50（每班有 50 位同學）= 36000 個元素來記錄它。然而，我們知道其中大部分是空的，因此在正式的記錄中，大都只記錄日期、堂次及座號而已。

2. 在一張試算表中，垂直軸標號可以由 1 至 1048576，水平軸方向則可以由 A 至 XFD，因此所有的元素個數是多大的數字。我們也知道，在大部分情形下，大部分的資料格是空白的。

3. 在電路圖設計中，所有的連接點爲可能上百上千個，若以矩陣記錄這些點位間的連接關係，可以想見其中絕大部分的值也都是空的。

這種有效資料量對比於全部空間顯得稀疏的矩陣，稱之爲「稀疏矩陣」。爲了有效利用寶貴的空間，雖然資料在觀念上屬於矩陣型式，我們還是別作良圖來儲存它。

最簡單的做法是只記錄足以還原眞相的資料。例如：對於一個二維的稀疏矩陣，我們只須記錄其有效資料的（列、行、值）資料對即可。圖 6-1 所示的便是一個例子。

	1	2	3	4	5	6
1	0	0	0	0	0	0
2	1	0	0	0	3	0
3	0	0	0	5	0	0
4	0	0	0	0	0	0
5	0	0	0	0	0	2

(a)

	列	行	值
0	5	6	4
1	2	1	1
2	2	5	3
3	3	4	5
4	5	6	2

(b)

圖 6-1　稀疏矩陣：(a) 一個稀疏矩陣例；(b) 精簡的陣列表示法

圖 6-1(a) 所示的矩陣雖然有 5×6 = 30 個儲存位置，可是實際僅存了四個值，因此在做資料存檔時，以圖 6-1(b) 所示的陣列觀念來儲存便已足夠。在此表示法中，陣列最開頭一筆儲存的是整個矩陣的（列數、行數、非 0 元素筆數），然後接下來便是各個非 0 元素的（列、行、值）資料對。

然而這種記錄方式只適合用於整批儲存與還原，若要直接對它做編輯，便需大費周章。

另一個比較好的做法是利用連結串列來記錄它。

和前面介紹的連結串列不同的是，我們要處理的是二維的資訊。在前面的討論中，資料實質的存放位置並不重要，各資料彼此之間僅有連結上的前後關係。在本例中，爲了協助理解，我們將連結名稱改成各資料在矩陣中的位置彼此的上下左右關係。每一個節點將具有二個指標：LLink 指向同一列左邊的節點、ULink 指向同一行上方的節點，加上所需記錄的資料部分則有列編號（row）、行編號（col）、以及資料值（value）等三個欄位。圖 6-2(a) 所示的便是此節點結構。

針對每一列，我們各建立一個帶標頭節點的環狀連結串列加以串起

來，各個列標頭節點的資料欄位作如下運用：

1. row 欄位設為其所屬的列編號。

2. col 欄位設為 −1 以資識別。

3. value 欄位記錄該列的有效資料筆數。

而針對每一行，我們也各建立一個帶標頭節點的環狀連結串列加以串起來，各個行標頭節點的資料欄位作如下運用：

1. col 欄位設為其所屬的行編號。

2. row 欄位設為 −1 以資識別。

3. value 欄位記錄該行的有效資料筆數。

最後再加入一個標頭節點來代表整個矩陣，它和行標頭節點透過 LLink 連成環狀連結串列，和列標頭節點透過 ULink 也連成環狀連結串列。其資料欄位作如下運用：

1. row 欄位及 col 欄位均設為 −1。

2. value 欄位記錄整個陣列的有效資料筆數。

圖 6-1 的矩陣若以此連結串列來表達，將如圖 6-2(b) 所示。pA 便是指向此矩陣的指標，也是處理此矩陣的進入點。

使用向左的指標將讓同一列中各節點的行編號由大至小排列，到標頭節點恰為最低值（−1），向上指標對於同一行上的各節點的列編號也是類似的考量，這一點在串列的處理很方便，從下一節多項式的加法中可以看出。但此種連結代表將來對此矩陣的元素進行處理時，列或行的順序均是由大而小的次序進行。若是希望改成由小至大的方向呢（習題 3）？

雖然圖形的表達上有點複雜，而且是二維的圖形，但是實質上列方向的連結和行方向的連結是彼此完全獨立的，在做任何運算（查詢、新增、刪除）時，必須針對處理對象所在的行連結串列及列連結串列各做一次。

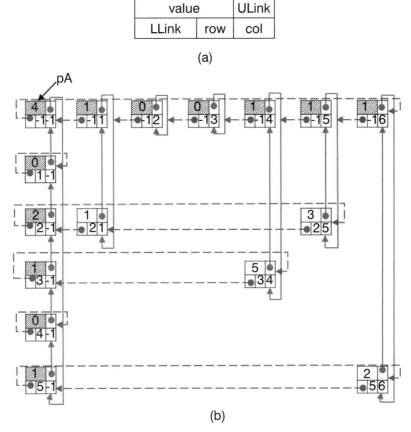

圖 6-2　連結串列表示稀疏矩陣：(a) 節點的結構；(b) 以此結構表示的稀疏矩陣例

6.2　多項式

多項式是一個由數個以 $cx^Ay^Bz^C\cdots$ 形式呈現的項次加總而得的運算式，其中 c 稱為該項次之係數，A、B、C 分別稱為變數 x、y、z 的指數。當變數有 n 個時，稱為 n 元多項式。例如：$3x^5y^6 + 4xyz^3$ 便稱為三元多項式。在以下的討論中，我們將限縮為僅討論一元多項式。此時，多項式的型式為 $c_nx^n + c_{n-1}x^{n-1} + \cdots + c_1x + c_0$。在許多的應用中，多項式要比單純的數據來得重要許多。

6.2.1 多項式的表示法

由多項式的型式可以很直覺的認為，它可以很方便的用陣列來實作。換言之，宣告一個長度為 n+1 的陣列，索引 0 的位置存放 c_0，索引 1 的位置存放 c_1，…，索引 n 的位置則存放 c_n。也就是直接將陣列的索引值當指數部分來用。例如：$3x^2 + 5x + 18$ 以此方式表示將如圖 6-3(a) 所示。

這個表示法很直接，空間也很省。但是我們也馬上可以想到二個可能的問題：

1. 它所能表達的範圍將受陣列一開始所宣告的大小限制，因此必須先問多項式的指數是否能預估其上限？如果不能，則陣列大小無法預估。即使事先知道個別多項式指數的上限，但是多項式的乘法會使指數增加，而使預知的上限失去意義。

2. 多項式的項次可能不多，但是只要有一項次的指數特別高，這邊便須保留相對的位置，因而造成空間的浪費。例如：$2x^{100} + 3x + 5$ 便需要宣告一個含有 101 個元素的陣列，而其中只有 3 個元素不是 0。

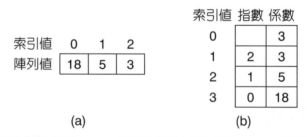

<table>
<tr><td colspan="3">索引值   0   1   2</td></tr>
<tr><td>陣列值</td><td>18</td><td>5</td><td>3</td></tr>
</table>

索引值	指數	係數
0		3
1	2	3
2	1	5
3	0	18

(a)   (b)

圖 6-3 多項式的陣列表示法：(a) 直接以索引值為指數；(b) 同時記錄指數和係數

圖 6-3(b) 列出了另一種以陣列表式的方法，它忠實地將多項式各項的指數、係數記錄下來，同時開頭以一個元素記錄這個多項式當下的項次數目。這個方法解決了前一種方法的問題，但若要進行多項式運算，處理起來仍將十分麻煩。

　　由前述的討論可知，連結串列可能是一個比較好的作法。在這種表現中，一個節點對應到一個項次，而各節點結構如圖 6-4(a) 所示由三個欄位組成：指數（exp）、係數（coef）、以及指向下一個節點的指標（next），而節點的次序則是依指數值由高至低排列。為方便後續的運算，在此使用如圖 6-4(b) 所示的環狀加標頭節點的單向連結串列。標頭節點加於串列尾端，其 exp 欄位設為 –1 以為識別，coef 欄位則未用到（圖 6-4(b) 中設為 0 只是一種將未用到的變數初值設為 0 的習慣）。 各節點依一般書寫習慣根據指數值 exp 欄位由大至小為序，因此，圖 6-4 的串列代表 $3x^2 + 5x + 18$。

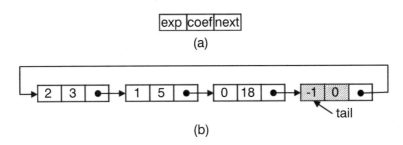

圖 6-4　多項式的連結串列表示法：(a) 節點結構；(b) 以 $3x^2+5x+18$ 為例

6.2.2　多項式的加法

　　多項式最常見的運算是加法。根據定義，二多項式相加（或減）的運算只需將指數值相同的項次之係數值相加（或減），不同的項次則直接沿用。定義並不難，複雜的是沿用指數不同的項次需要插入新節點，而相加後可能因係數值為 0 而需刪除節點。

　　圖 6-5 所示的是多項式加法的演算法，此演算法將 p 和 q 所指的二個多項式相加，最後的結果存於 q 中，運算完畢後 p 所指的串列未改變，而 p 和 q 均回到它該指的位置。由於採用的是環狀串列，因此一開始的動作❶和❷先將二指標指向串列的開頭。接著就由二串列中逐項取出比較其指數值。這項比較結果有三種可能：

1. 當 p 項次的指數較 q 項次的指數大時④，由於答案要在 q 串列中依 exp 值由大至小排列，因此，此時 p 項次的值必須拷貝一份插入 q 串列中，然後 p 指向下一個節點。

2. 當 p 項次的指數較 q 項次的指數小時③，表示 p 和 q 之關係尚不需決定，因此 q 指向下一個節點。

3. 當 p 項次的指數和 q 項次的指數相同時，有一個邊際條件必須先檢查：是否已到串列尾端（exp 欄位值為 –1）⑤，若是，則演算法結束，否則就將二者的係數相加⑥。相加結果若為 0，則須將 q 串列的這個節點刪除⑦。接著 p 和 q 各前進到下一個節點繼續處理。

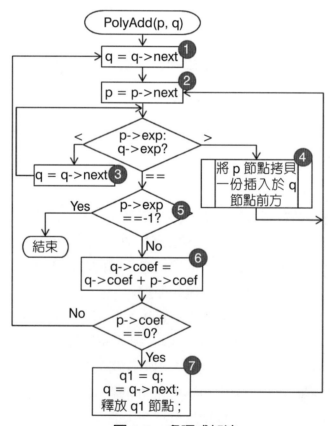

圖 6-5 多項式加法

現在以 p 指向 $5x^3 - 5x$，q 指向 $3x^2 + 5x + 18$ 來驗證此演算法。如圖 6-6 所示，開始狀態如圖 (a)。經過 ❶ 和 ❷ 之後，如圖 (b) 所示 p 和 q 均指向首端。接著開始比較 p 和 q 所指節點的 exp 欄位。

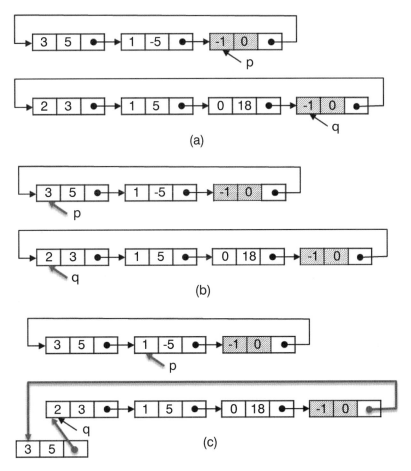

圖 6-6　多項式 $5x^3 - 5x$ 和 $3x^2 + 5x + 18$ 相加：(a) 開始狀態；(b) 指標指向首端；(c) 處理 $5x^3$ 之後；(d) 處理 $3x^2$ 後；(e) 處理 5x 和 –5x 的加法後；(f) 處理 18 之後

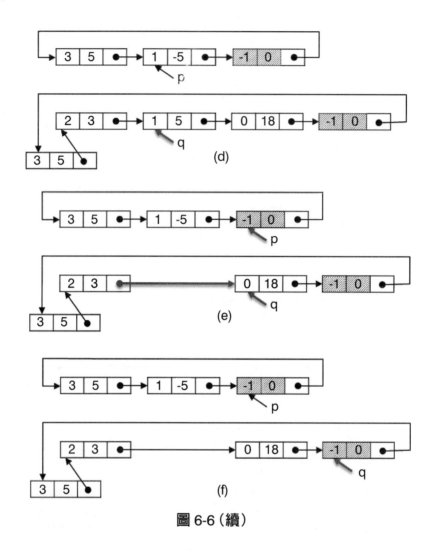

圖 6-6（續）

　　p 節點的 3 大於 q 節點的 2 ❹，因此將 p 節點拷貝一份到 q 串列，
p 再前進一個節點如圖 (c)。接著，p 指向的 1 小於 q 指向的 2 ❸，因
此 q 向前一個項次如圖 (d)。此時 p 和 q 所指的指數值均為 1 ❻，因此
將它們的係數值相加，而得到 0，代表 q 中的這個節點必須刪除 ❼，p
和 q 再繼續前進，得到圖 (e)。此時 p 雖然已經抵達尾端，q 則尚未，
因此繼續執行。q 指的 0 大於 p 所指的 –1 ❸，因此 q 前進一個項次，

得到圖 (f)。此時不僅 p 和 q 所指的指數相同，而且其值為 –1，表示二者均已達尾端，演算結束。

在圖 (e) 的狀態中，可以看出將標頭節點連在串列尾端，並將其在運算比較所用的 exp 欄位設為 –1 所帶來的方便性。否則在步驟❷之後便須先檢查 p 和 q 二指標中是否有任一者已為 NULL，也就是有一個串列已達尾端，再額外對另一串列剩下的部分單獨進行處理。

習題

1. 在圖 6-2 所示的稀疏矩陣表示法案例中，假設 p 指向圖中 data 為 5 的節點，請問 p->LLink->ULink->LLink->data 的值為何？p->ULink ->LLink-> LLink-> LLink->ULink-> data 呢？

2. 圖 6-2 的表示法兼顧了「僅儲存有用的資料」以及「方便運算存取」的需求。但是，要存入檔案時還是需轉成如圖 6-1(b) 所示的條列式才行。請設計一個演算法，將圖 6-2(b) 的資料結構內容轉成類似於圖 6-1(b) 所示的結構。

3. 圖 6-2 的表示法對於列或行資料的存取，均方便於以列或行編號由大至小的方式進行。若要方便於以列或行編號由小至大的方式存取，該如何設計？

7

堆疊資料結構

	0	1	2	3	4	5	6
0	1	1	1	1	1	1	1
1	1	1	0	0	0	1	1
2	1	*	0	1	0	1	1
3	1	1	1	0	0	0	1
4	1	1	0	0	1	0	1
5	1	1	1	1	1	0	1
6	1	1	1	1	1	1	1

　　陣列和連結串列完成了一般線性串列的基本功能，也就是資料的儲存、查詢、新增以及刪除。接下來，以此為基礎，我們將在線性串列的功能上加入一些限制，讓它成為「特殊功能」的線性串列，分別是堆疊以及佇列。

　　或許你已注意到，在河內塔的盤子搬運過程中，對於任一柱子而言，最晚被放到柱子上的盤子，將會最早被搬走。

　　觀察自助餐廳中餐盤的使用，最後被放到餐盤堆上的，因為位於最上方，也將最早被取用。

　　搭過飛機的人大都有一個經驗，越早辦理行李託運的人，因為行李被放到貨艙越裡面，到站提領時，行李往往也是最晚出來。

　　在為一個式子中的括號找匹配的另一半時，最晚出現的左括號應該與最早出現的右括號配成一對。

　　分析一下副程式的呼叫，越後面被呼叫的，一定越早完成並返回。也就是說，呼叫的次序和返回的次序剛好相反。

　　瀏覽網頁時，點擊「前一頁」按鈕，網頁出現的次序恰和原先一路連結過去的次序相反。

　　很多軟體都有 Undo 功能，而 Undo 功能所「復原」的各指令次序，恰和這些指令當初使用的次序相反。

　　前述這些例子都有一個相同的特性，就是「先發而後至」，先到的，其下一個處理將較晚進行。這種特性的資料，我們用一種資料結構來處理它，稱為堆疊（Stack）。

7.1　堆疊的觀念

　　堆疊是一種加入特殊要求的線性串列資料結構，在此結構中，所有資料的進出均需由串列的同一端進行。你可以把它想像成一個彈匣，所存的子彈均只能由彈匣的一端推進去，或是彈出來。進出的這一端稱為堆疊的「頂端」，另一端稱為「底部」，使用者能做的動作只有二個：

1. Push：將資料「推入」堆疊。

2. Pop：將堆疊頂端的資料「彈出」堆疊。

此外，使用者還可查詢堆疊頂端的元素、詢問堆疊是不是空的（彈不出東西來）、或者是不是滿的（無法再推入東西）。

聽過一個這樣的笑話：利用倉促的時間問一個同學「Push 的相反動作是甚麼？」如果對方的回答是「Pop」，表示他的資料結構學得還不錯；如果回答是「Pull」？不要理他。

由這些操作的敘述可以看得出來，堆疊中的資料最先進去的會最後出來（稱為「**先入後出**」，英文叫 First In Last Out ， 縮寫為 FILO），也有人稱為最後進去的最早出來（「**後入先出**」，Last In First Out ，LIFO）。

堆疊可以用陣列或是連結串列來實作它，然而在本章行文中，我們將以陣列實作為主。一般用圖 7-1 所示的圖形來描述堆疊，tos 是個負責指向堆疊頂端位置的指標。若堆疊存放空間的編號是由 0 至 N－1（N 是該堆疊最大容量），則 tos 為 –1 代表堆疊是空的，tos 為 N－1 代表堆疊是滿的。

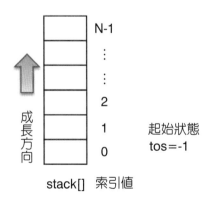

圖 7-1　用陣列實作堆疊

雖然在演算法的敘述和圖解中，我們偏向於使用陣列來實現堆疊的設計，但是你也可以使用連結串列來製作（習題 4）。由於堆疊操作上的限制，對於單一的堆疊而言，使用連結串列除了可以不必預先保留一片空間，以及可以依需求成長而使堆疊不致滿溢之外（當然先決條件是使用動態記憶體），並不會增加多少好處。但是，當同時存在的堆疊數量增多，甚至必須彼此分享固定的一塊空間時，考量的標準又會有所不同。

二個堆疊要共享一塊空間時，採用陣列實作的最簡單方法是，一個堆疊以記憶體空間中位址低的一端為底而往位址高的方向成長，另一個堆疊則相反，以位址高的一端為底而向位址低的方向成長。當二個堆疊的頂端在任一處相疊時，便代表全部空間已耗盡，造成此狀況的那個堆疊發生滿溢（習題 6）。

這個技巧只能用於二個堆疊，若有三個以上，除非能預估這些堆疊的空間需要，否則無法有效分配空間的運用。

若是改用連結串列來實作，這個狀況便可緩解，各個堆疊可以交叉增減。但是由於多了連結欄位，實質資料量將會降低。

7.2 堆疊的基本操作

以下分別介紹回答是否為空或為滿的詢問、Push 和 Pop 這兩個基本動作、以及許多函式庫也包含進去的 Peek 動作等等的實作。

7.2.1 堆疊是否為空

判定堆疊是否為空的條件很簡單，直接檢查 tos 值是否為 −1 即可。要由堆疊中彈出資料或是窺視其 tos 資料前，一定要先檢查它是不是已經空了，否則會發生「堆疊打穿」（Stack Underflow）的系統錯誤。

7.2.2 堆疊是否為滿

判定堆疊是否為滿的條件很簡單，也是直接檢查 tos 值是否為 N −

1 即可。要在堆疊中加入資料前，一定要先檢查它是不是已經滿了，否則會發生「**堆疊滿溢**」（Stack Overflow）的系統錯誤。

7.2.3　將資料推入堆疊

　　堆疊成長的方向是往索引值高的方向，因此將資料推入堆疊前先測試看看堆疊是否已滿，若還有空間只需修正 tos 指標往上一格，然後將資料填入即可。見圖 7-2 之流程圖。

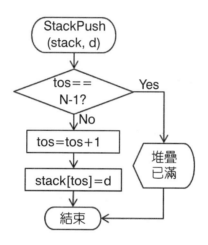

圖 7-2　將資料 d 推入堆疊中

7.2.4　將資料自堆疊彈出

　　將資料自堆疊中彈出的先決條件當然是堆疊中還有資料，因此必須先檢查堆疊是否為空的，沒問題才將 tos 所指的資料送出，並修正 tos 指向下方的一筆資料。參見圖 7-3。

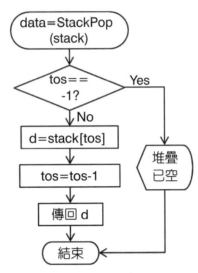

圖 7-3　彈出堆疊頂端的資料

7.2.5　讀取堆疊頂端的資料

　　讀取堆疊頂端的資料並非堆疊的標準動作，但在許多應用中十分常見，因此在此一併介紹。基本上它和彈出堆疊資料的動作十分相似，只是不修正 tos 指標而已。參見圖 7-4，並比較它和圖 7-3 的異同。

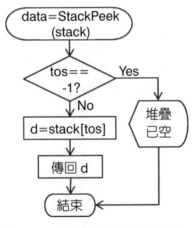

圖 7-4　讀取堆疊頂端的資料

習題

1. 如何僅用堆疊指令，將二個變數的值互換？

2. 如何僅用堆疊指令，將三個變數的值做一循環？例如：如果變數 x, y, z 原先的值分別爲 1, 2, 3，經過處理後，其值將變成 2, 3, 1。

3. 今有一有序數列已完成排序工作，設計一個演算法將此數列的排序結果加以反向。例如：原先爲由小至大排列，把它改成由大至小排列。

4. 請以連結串列實作堆疊，並設計其 Push 及 Pop 演算法。

5. 現在增加一項功能，讓程式師可以詢問堆疊中的資料筆數。請設計此功能的演算法。

6. 請設計二個堆疊共用一個編號 0 至 N – 1 的空間時的推入與彈出演算法。

8

堆疊的應用

	0	1	2	3	4	5	6
0	1	1	1	1	1	1	1
1	1	1	0	0	0	1	1
2	1	*	0	1	0	1	1
3	1	1	1	0	0	0	1
4	1	1	0	0	1	0	1
5	1	1	1	1	1	0	1
6	1	1	1	1	1	1	1

我們對堆疊能作的動作很少，看來其功能似乎相當有限，其實它在很多應用中都扮演了很重要的角色，下面我們將介紹一些。

8.1 中序、前序、後序運算式

開始學算術時，我們學的是由左至右，一步一步的將結果算出來。到了四則運算，我們背了一條口訣：先乘除後加減，同為乘除或同為加減時，才由左至右算；再往下學時，我們知道括號內的式子要先算。

前面所敘述的，我們稱之為自然語言，也就是人類用以溝通的語言。

學習程式設計語言時，開始將 +−*/ 四則運算符號稱為「運算子」，因為它們代表一種運算，而被它們拿來做運算的對象則稱為「運算元」。例如：z + x 這個式子中，「+」是運算子，「z」和「x」均是運算元。再進一步細分，+−*/ 這些符號稱為「二元運算子」，因為它們的運算會用到二個運算元。而 −（負號）這個符號則稱為一元運算子，因為它只需一個運算元。雖然減號和負號是同一個符號，我們總是能由其式子中的「前後文」推斷出它代表的意義。這些我們在程式設計時所使用的語言，稱為高階程式語言，因為它是給人們直接使用的，因此設計得和人們的使用習慣及自然語言盡量近似。

然而電腦的 CPU 是為了高度處理效率而設計的，它的邏輯十分簡單而有限，要驅動它做事，必須用它能理解的語言溝通，這些語言所處理的對象十分明確而瑣碎，稱為機器語言，或是低階程式語言。二者之間，顯然仍有一些落差，因此程式設計師的工作是將人類自然語言所陳述的問題及解法（演算法）轉成高階程式語言呈現出來，然後**編譯程式**（Compiler）負責將這些程式轉譯成低階程式語言，再交給電腦去執行。本節將介紹這項轉譯工作中很重要的一個部分：運算式的轉換。

很多演算法的產生往往是由於電腦的限制而來，而這些限制往往來自於電腦運作原理與人們處理問題方式的不同。例如：前述四則運算口訣有利學習，到了電腦中若要照辦，反而需先費一番手腳。由於電腦對

於資料的處理是由左至右的讀取，讀進來的東西最好能立即處理好，然後空出空間讀取接下來的資料，口訣中的「先乘除，後加減」造成我們在計算時要先「找」出乘除項，計算好後先將其當作中間值存在一邊，接下來再用它們和其他項進行加減計算。而口訣中的「括號內的式子先算」更麻煩，我們必須先「找」出左右括號所涵蓋的範圍，將它當作獨立的式子計算，再視為中間值存起來，然後再 ⋯⋯。其實前述口訣代表的意義是，四則運算的乘除運算「優先」於加減，而括號內的先做更是代表括號的「優先權」更高。而「同為乘除或同為加減則由左往右算」談的是「結合性」的問題，學到更多運算符號後，你會發現並不是所有的運算符號都是由左至右算。

前面敘述稍嫌冗長，但是它的關鍵字是「找」以及「中間值」。我們必須依據不同的優先權，找出優先權較高的先行處理。「找」對於人的雙眼不構成負擔，對於電腦的效率可就影響鉅大。「中間值」我們可以用筆暫記，但是因為其個數與出現位置並不一定，對於電腦更是困擾。

因此在將高階程式語言轉譯成低階程式語言時，運算式同時也會被轉成程式和電腦能運用的型式，以利後續的執行。

8.1.1 中序、前序、後序運算式概念

我們習慣使用的運算式寫法稱為「中序表示法」，因為二元運算子置於它的運算元中間，前述的 $z + x$ 便是一例。

如果我們將運算子放在運算元之前，則稱為「前序運算式」。例如：前例式子改成前序式將為 $+ z x$。

類似於前，將運算子放在運算元之後，則稱為「後序運算式」。前例之後序式為 $zx+$。電腦將程式中的運算式轉成低階語言時，常用的便是後序式（又稱為逆波蘭式表示法（Reverse Polish Notation），因為它是由一位波蘭的邏輯學家首先提出的）。

前序式和後序式有三個很重要的特點：

1. 不再有括號。

2. 由左至右逐一運算即可得到整個式子的最後值，不再有運算子間的優先權與結合性的問題。

3. 負號和減號必須明確區分。

8.1.2 運算式的轉換

如何將中序式轉成前序式或後序式呢？一般可以用觀察法來做人工轉換，或是交給演算法來計算。

1. 觀察法

以下直接以 (x + y) * (a − b * c) 為例說明這個轉換過程：

(1) 先為所有的運算子均加上一對括號，括號中包括其運算元及運算子，上個式子變成如下所示（在式子下方我們加了一條橫線來標示每一對左右括號涵蓋的範圍）：

$$((x + y) * (a - (b * c)))$$

(2) 將運算子移到對應於它的右括號位置，然後刪除所有的括號，便成為後序表示法：

$$((x + y) * (a - (b * c)))$$

因此後序表示法為：x y + a b c * − *

(3) 如果前一步驟將運算子移到對應於它的左括號位置，然後刪除所有的括號，則成為前序表示法：

$$((x + y) * (a - (b * c)))$$

其前序表示法為：＊＋x y － a ＊ b c

2. 演算法轉換法

　　前述的轉換方式只適合用於人眼的觀察，要交給電腦處理，終究需寫成演算法才行。以下以中序式轉後序式為例說明。

　　首先要先談一個術語：語元。編譯程式在進行運算式的轉換時，會先依式子的結構將不相干的空格及換列字元等先刪除，再將有用的資訊依運算子、運算元、列尾端、括號等等加以切割開來，這些切割出來的資訊便稱為「語元」（Token）。因此變數 x 是一個語元，xLength_1 也是一個語元。我們的演算法所處理的便是以一個個的語元為對象。

　　這個中序轉後序演算法的基本構想是，由左至右逐項讀進各語元，先以堆疊儲存運算子，待其相關運算元均輸出後再加以彈出。觀察前面「觀察法」所得到的後序式，可以發現優先權越高的運算子，離它的運算元越近。因此用堆疊儲存運算子時，優先權高的必須離頂端較近。換言之，優先權高者在堆疊中可以壓到優先權低者之上；而優先權較低者在進入堆疊之前，必須先將優先權不比它低的運算子均先行彈出，它才可進入。如此優先權高的保持在較上端，有機會出來時，會較早出來。

　　比較麻煩的是括號，因為基本上左右括號合起來代表一個獨立的式子，它和之前或之後讀進的語元都無關。因此無論堆疊頂端是何語元，它們之間所夾的式子都需要整組處理，這表示左括號必須給予最高的優先級進入堆疊。可是一旦它進入了，它扮演的角色又和堆疊底部相同：全新的開始，必須形成像空堆疊一般，各運算子可依前述優先級規則決定進出。因此進入堆疊中的左括號，其優先級將降成最低，大家都可以對它視而不見（右括號例外）。而右括號則代表一個獨立式子的結束，整個式子必須清算完成，之後僅是以一個值來代表它。因此讀到右括號這個語元時，堆疊內的內容必須一直彈出，直到左括號和其對應而雙雙拋棄為止。

　　為了簡化演算法的設計，我們建立如表 8-1 所示的一張表，規定不

Chapter 8 **堆疊的應用**

同運算子在堆疊內及堆疊外的優先等級，運算式尾端記號也賦予優先權。如此，前面一大段進入堆疊與否的判斷將因而簡化為數值的比較判斷。

表 8-1　不同語元的優先權

語元種類	在堆疊外的優先權	在堆疊內的優先權
(	9	1
)	1	
−（負號）	5	4
* /	3	3
+ −	2	2
運算式尾端	0	
堆疊底部		0

　　演算法的邏輯變得很簡單。參考圖 8-1，依序讀入各語元 t，根據該語元的種類，採取不同的行動：

1. 若為運算元：直接輸出❶。
2. 若為運算子：比較它在堆疊外的優先權是否大於堆疊頂端元素在堆疊內的優先權❸。
　(1) 是，則加以推入❹。
　(2) 否，則將堆疊內的元素 s 彈出，並檢查 s 是否為左括號。若為左括號，表示此時它和對應的右括號碰頭，二者全部拋棄，繼續讀取下一個語元❻；若非左括號，則加以輸出，再重複前述檢測❺。重複此動作，直到可推入為止。
3. 若是運算式尾端訊號：則將堆疊全部彈出並輸出，結束運作❷。

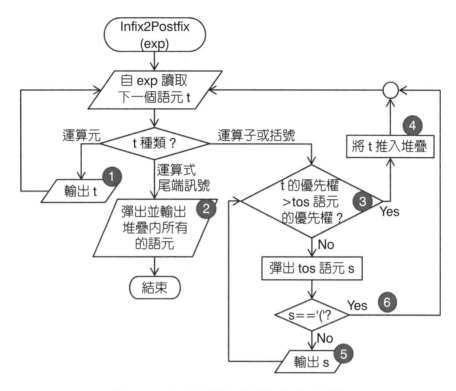

圖 8-1　中序表示法改轉為後序表示法

以下以讀進字串：(x + y) * (a – b * c) 來驗證這個演算法。

・首先讀入一個左括號，其優先權（5）大於空堆疊（1）❸，因此將它推入堆疊❹。

・接著讀入 x，這是運算元，直接將它輸出❶。

・再來讀入加號，其優先權為 2，優於 tos 的優先權（左括號在堆疊中的優先權為 1），因此將它推入堆疊。

・再來讀入 y，處理同前述的 x。

・接著讀入一個右括號，其優先權（1）低於 tos 的優先權（加號在堆疊中的優先權為 2），因此彈出並輸出加號❺。此時 tos 為左括號，於是再彈出左括號，它和右括號成對同時丟掉❻。

到此僅追蹤了式子中的 (x + y) 部分，全部完整過程彙整於圖 8-2
中，請參閱之。

讀進語元	新語元優先權	tos 語元 優先權	堆疊內容 （底部在右）	輸出
		0	[]	
(	9	0	[(]	
x		1	[(]	x
+	2	1	[+(]	
y		2	[+(]	xy
)	1	2, 1	[]	xy+
*	3	1	[*]	
(	9	3	[(*]	
a		1	[(*]	xy+a
-	2	1	[-(*]	
b		2	[-(*]	xy+ab
*	3	2	[*-(*]	
c		3	[*-(*]	xy+abc
)	1	3, 2, 1	[*]	xy+abc*-
運算式尾端	0	3	[]	xy+abc*-*

圖 8-2　中序轉後序案例

8.1.3　後序式的求值

轉成前序或是後序表示法之後，該如何求取該式子的值呢？本節將
探討後序式求值的演算法。如圖 8-3 所示，基本上它也是將式子拆成一
個個的語元，一次讀入一個語元，並依其種類採取如下的處理：

1. 運算元：將其推入堆疊❶；

2. 運算子：依該運算子所需的運算元個數自堆疊中彈出，運算後再將結果推回去❷；

3. 運算式尾端：表示式子結束，堆疊中所存的便是最後結果，將其彈出並輸出即可❸。

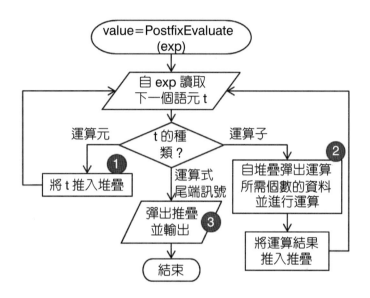

圖 8-3　後序表示法的求值

以上一節的後序式 x y + a b c * - * 為例，若已知各變數值如下：

x = 1, y = 2, a = 3, b = 4, c = 5

試以此演算法求全式的值。

• 首先分別讀入 x 和 y，都是運算元，因此均推入堆疊❶。

• 接著讀入加號，這是二元運算子，因此自堆疊中彈出二個運算元（x 和 y），進行運算（x + y = 1 + 2 = 3）之後將結果推入堆疊❷。

完整詳細的追蹤，請見圖 8-4 的彙整。編譯程式花時間將原始程式碼中的中序運算式全部轉成後序式，由這邊的演算法可以看出，整個運

算式的求值工作變得簡單而直接，效率也提升了。

讀入語元	堆疊 （底部在右）	輸出	說明
	[]		
x	[1]		
y	[2 1]		
+	[3]		彈出 y 和 x，計算 x + y 後推入堆疊
a	[3 3]		
b	[4 3 3]		
c	[5 4 3 3]		
*	[20 3 3]		彈出 b 和 c，計算 b * c 後推入堆疊
-	[-17 3]		彈出 20 和 3，計算 3-20 後推入堆疊
*	[-51]		彈出 -17 和 3，計算 -17 * 3 後推入堆疊
運算式尾端		-51	

圖 8-4　後序式求值案例

8.2　系統堆疊與副程式呼叫

堆疊最早於 1946 年由**涂林**（Alan Turing）提出，當時的目的是為了處理副程式的呼叫與返回機制。而從 CPU 的設計開始，堆疊便是其中的核心概念，PUSH 和 POP 也是 CPU 的機器語言指令之一。同時 CPU 在主記憶體中規劃一個區域稱為「系統堆疊區」（System Stack），副程式之間的叫用與回傳便是靠 PUSH/POP 指令及系統堆疊區來完成。

簡單的說，任何一個副程式在開始執行之前，系統便在系統堆疊區

中以 PUSH 的方式幫它新增一個「堆疊框架」，在這個框架中，記錄了返回位址（回到呼叫者時繼續往下執行的位址）以及本副程式所宣告的區域變數之存放區。在一個副程式結束執行時，系統取出其中記錄的返回位址，然後用 POP 將屬於它的堆疊框架丟掉（因此該副程式內宣告的區域變數全部失效），接著跳到返回位址繼續往下執行。

　　我們用圖 8-5 所示的 C 程式的呼叫／返回作為例子來解說。除了副程式叫用時的執行流程控制機制外，請注意我們故意在副程式中均宣告了一些區域變數，這些區域變數的存放區域亦在圖中標示了出來。因此由此圖也可以看出各區域變數的生命週期。

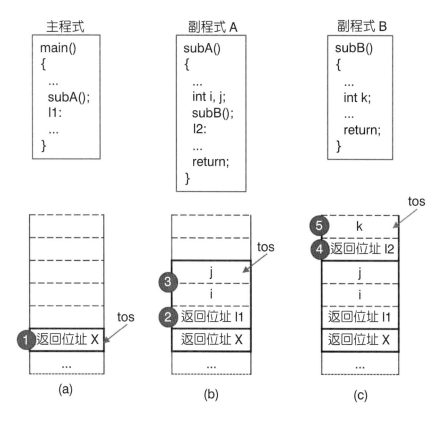

圖 8-5　副程式呼叫及系統堆疊的運作：(a) 僅執行主程式時；(b) 呼叫副程式 A 之後；(c) 呼叫副程式 B 之後

僅執行主程式時，系統堆疊內容如圖 8-5(a)。請注意，由於我們的主程式其實是被系統「叫用」的，它結束後控制權會回到系統去，因此它的堆疊框架中也有一個返回位址❶。當主程式呼叫副程式 A，subA() 取得控制權的第一件工作就是將返回位址（11）推入到堆疊中❷，再於堆疊中製造出二個空間以存放自己的二個區域變數（i 和 j）❸，這整個區塊稱爲 subA() 的堆疊框架，此時系統堆疊內容如圖 8-5(b)。同樣的，副程式 A 呼叫副程式 B 時，當 subB() 得到控制權的第一件工作也是將返回位址（12）推入到堆疊中❹，再於堆疊中製造出一個空間以存放自己的一個區域變數（k）❺，此時系統堆疊內容如圖 8-5(c)。

副程式的返回路徑恰和前述相反。副程式 B 執行 return 指令時，系統堆疊將彈出區域變數，k 將變成無效，並將程式控制權交回到 12。副程式 A 執行 return 指令時，系統堆疊將彈出區域變數，i 和 j 將變成無效，並將程式控制權交回到 11。

非僅用於副程式的呼叫，這種將系統堆疊用於暫存重要資料當下值的做法，在組合語言層次的程式設計中相當的常見。因爲組合語言程式的內容已經十分接近機器實際的運作，因此 CPU 的暫存器在這些程式中大多扮演著十分吃重的角色。然而 CPU 的暫存器的數量太稀少了，大家寫的程式一定會重複使用到同樣的暫存器，更何況許多暫存器的角色是固定的，不可能不用到。因此組合語言程式一種比較保險的做法是，一進到自己的程式時，先把會用到的暫存器當下的值全部推到堆疊去，而在離開時再將它們全部彈回來復原。

8.3　走迷宮

解任何問題，首先要做的是設計適當的資料結構來存放問題本身以及解題過程的「狀態」。一個二維迷宮最簡單的資料表示法當然是用二維陣列來代表它，如圖 8-6 所示。在這個例子中可以看到一個簡單的

	0	1	2	3	4	5	6
0	1	1	1	1	1	1	1
1	1	1	0	0	0	1	1
2	1	*	0	1	0	1	1
3	1	1	1	0	0	0	1
4	1	1	0	0	1	0	1
5	1	1	1	1	1	0	1
6	1	1	1	1	1	1	1

圖 8-6　迷宮例

程式設計技巧。除了原來迷宮的大小與內容（圖中粗線框起來的區域）之外，我們在資料結構中又在其外面圍了一圈牆，如此可以簡化演算法，不需刻意去檢查是否處在迷宮四週緣邊的格子（因為這些格子並沒有完整的「四」鄰，若直接以算出的列或行索引值進行存取，可能會超出容許範圍，因此處理的方式便須和中間的格子不同）。

　　我們走迷宮碰壁時，一路退出的路徑恰和當初前進的次序相反，這個動作和堆疊所具有的「先進後出」特性正好相同，因此很適合用它來走迷宮。圖 8-7 便是此一演算法。

　　本演算法使用一個二維陣列 brd[ ] 來儲存迷宮各個位置的狀況，陣列各元素的值定義如下：

1. *：出口（在以下討論中，假設其實作內碼值小於 0）
2. 0：可走的區域
3. 1：不可通行的障礙
4. 2：已驗證（避免重複驗證）

請注意，在這個清單中，只有 * 、0、1 是原始迷宮中定義的，2 則是演算法在運算過程為了區隔各個元素的狀態所額外定義的。

　　這個演算法其實幾乎可以和回溯法一一對應。首先將起點的列與行值 (sr, sc) 推入堆疊。接著便是不斷重複收集相鄰而未驗證過的空格（其陣列值 ≤ 0）❷，以及一一驗證這些空格❶❸的這二個過程，直到找到答案為止。

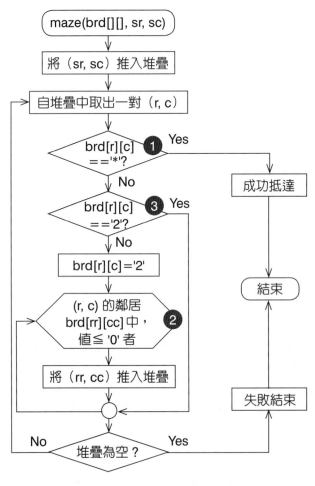

圖 8-7　走迷宮

　　接下來以圖 8-6 所示的迷宮為例，說明尋找出口的過程。如前所述，在這張圖中，真正屬於迷宮的部分只有列值 1 至 5，以及行值 1 至 5 的區域，其餘都是為了讓迷宮中的每個位置都有四個鄰居，而在迷宮的外層所多包的一個元素厚度的牆。假設出發點設定為 (5, 5)，先將其推入堆疊，接下來做重複的動作。

　　彈出 (5, 5)，檢查 brd[5][5] 發現它不是「*」❶也不是 2 ❸，於是將 brd[5][5] 設為 2，將它四個鄰居中值 ≦ 0 的陣列元素 [只有 (4, 5)] 推入堆疊❷；接下來，彈出 (4, 5)，檢查是否為「*」，… 一直重複同樣的動作，直到彈出 (2, 1)，檢查 brd[2][1] 為「*」，成功完成為止。我們將探索此迷宮時的堆疊運作情形完整的整理在圖 8-8 中，其中在步驟❷中收集相鄰資料時，採取上→下→左→右之次序。

現在位置	堆疊內容
	[(5, 5)]
(5, 5)	[(4, 5)]
(4, 5)	[(3, 5)]
(3, 5)	[(3, 4)]
(3, 4)	[(3, 3)(2, 4)]
(3, 3)	[(4, 3)(2, 4)]
(4, 3)	[(4, 2)(2, 4)]
(4, 2)	[(2, 4)]
(2, 4)	[(1, 4)]
(1, 4)	[(1, 3)]
(1, 3)	[(1, 2)]
(1, 2)	[(2, 2)]
(2, 2)	[(2, 1)]
(2, 1)	

圖 8-8　探索迷宮時的堆疊運作情形

習題

1. 將 (a + b) * (c + d * e)/(f − g) 轉成後序式。

2. 在下列的後序式中，若知 x, y, x 的值分別爲 1, 2, 3，試求取該式子的值。

   x y z + * z y x - + *

3. 圖 8-7 的演算法只是「摸索到」出口，過程完全不記得了。 請修改它，讓它能輸出正確的路線。

4. 在圖 4-5 中，我們詳細介紹了西洋棋中騎士的合法運動情形，若要設計一個 8×8 的西洋棋盤讓騎士在其中運動，且要讓它如圖 8-6 所示的不須爲身處邊區時特別留意處理，請問此棋盤的資料結構該如何設計？

5. 表 8-1 的運算子中，負號算是一個特別的個案，因爲它在堆疊外的優先權和在堆疊內的優先權並不相等，而四則運算的加減乘除運算子則無此情形，爲什麼？如果要加入「次方」的運算符號，例如：$-2^{-3^{-4}}$ 該如何處理？表 8-1 和圖 8-1 的演算法要如何修改？

9

佇列資料結構

	0	1	2	3	4	5	6
0	1	1	1	1	1	1	1
1	1	1	0	0	0	1	1
2	1	*	0	1	0	1	1
3	1	1	1	0	0	0	1
4	1	1	0	0	1	0	1
5	1	1	1	1	1	0	1
6	1	1	1	1	1	1	1

　　排隊文化的存在，往往代表公民社會成熟的表徵。日本遭遇海嘯災難，難民一無所有，而在領取救濟物資時仍井然有序的排著隊伍等候。這一幕讓全世界對於日本社會的成熟充滿讚嘆。然而談起台灣的排隊文化，代表的卻是一窩蜂、趕熱鬧。有學者針對台灣的排隊文化進行研究，其撰寫的論文還得到國際大獎。

　　排隊行為處處都在，官僚體系中等老一輩退休才有的缺、申請文件處理的等待、電話那頭傳來的「所有客服人員全在忙碌中……」所代表的意涵，甚至上個廁所等等，都需要排隊的公德心與耐心。電腦的工作，資訊的處理，具體而微可想而知的也都需要此類的功能。

9.1　佇列基本觀念

　　佇列是一種加入特殊限制的線性串列資料結構，資料元素必須由串列指定的一端進入，離開則由另外一端。圖 9-1 所示的便是佇列的示意圖，資料由佇列的尾端進入，由前端離開。

　　你可以將佇列想像成購票窗口前排隊的人龍，新來的人由尾端加入隊伍，購到票的人由前端離去，除此之外，沒有其他可能。因此使用者對於佇列能做的操作只有二個：

1. Enqueue：進入佇列，加到佇列的尾端；
2. Dequeue：離開佇列，將佇列前端的元素移除。

　　此外，還可詢問佇列是空的（取不出東西來），還是滿的（無法再放入東西）。

　　由這些操作的敘述可以看得出來，佇列中的資料最先進去的會最先出來（稱為「先入先出」，英文叫 First In First Out，縮寫為 FIFO）。

　　佇列可以用陣列或是連結串列來實作它，然而在本章行文中，我們將以陣列實作為主。一般用圖 9-1 所示的圖形來描述佇列。雖然在演算法的敘述和圖解中，我們偏向於使用陣列來實現佇列的設計，但是你也可以使用連結串列來製作（習題 3）。由於佇列操作上的限制，對於

單一的佇列而言，使用連結串列除了可以不必預先保留一片空間，以及可以依需求成長而使佇列不致滿溢之外（當然先決條件是使用動態記憶體），並不會增加多少好處。但是當同時存在的佇列數量增多，甚至必須彼此分享固定的一塊空間時，考量的標準又會有所不同。

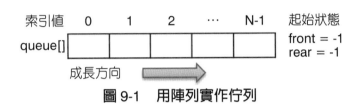

圖 9-1　用陣列實作佇列

9.2　佇列的基本操作

如圖 9-1，佇列基本操作可以用陣列實作如下，其中 N 代表佇列可用空間數：各空間編號爲 0 至 N − 1，front 指向第一個元素的前一個位置，rear 指向最後一個元素的位置。最開始時，front 和 rear 均爲 −1。

9.2.1　查詢佇列是否爲空

本表示法的特色是 front 指向第一個元素的領先一個位置，因此，當 rear 的值和 front 相同時，便代表佇列爲空的。要由佇列中取出元素前，必須先進行此項檢查。

9.2.2　查詢佇列是否已滿

當 rear 值爲 N − 1 時，它已指到可用空間的最後一個位置，不可能再加入任何新資料，因此這個狀況即代表佇列已滿。要在佇列中加入新元素前，必須先進行此項檢查。

9.2.3　新增一個元素

確認佇列中還有可用空間後，將 rear 指向下一個可用空間，再把資料填入❶。流程圖如圖 9-2 所示。

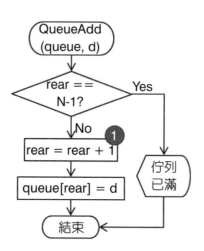

圖 9-2 將資料 d 加入佇列中

9.2.4 刪除一個元素

確認佇列非空，有元素可供取出後，將 front 指向第一個元素，將
該元素傳回❶。由於 front 的定義關係，從此開始，對於佇列而言，取
出的那個元素已不在佇列之中。流程圖如圖 9-3 所示。

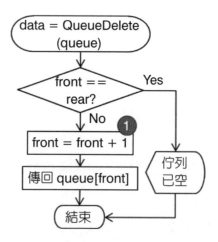

圖 9-3 刪除佇列首端的資料

9.3 環狀佇列

在前面的佇列操作方法中,一切似乎很順利,其實卻有一個大問題。不論新增或是刪除元素,front 或 rear 的指標都是持續往記憶體的尾端走去。舉個最極端的案例,考量下列的操作:

Enqueue A, Dequeue, Enqueue A, Dequeue, … , Enqueue A, Dequeue

也就是說,我們持續對一個佇列進行「加入資料 A、刪除一筆資料」這二個動作 N 次,之後要在佇列中再加入一筆資料時,我們會收到「佇列已滿」的訊息,因為此時 rear 的值為 N – 1。可是我們知道此時佇列應該是空的(因為在前述的動作中,我們每加入一筆資料,隨即將它刪除,而且 front 的值和 rear 相同)。問題的癥結點在於,每次加入元素時,rear 均向後移,經過N次的加入後,rear 便移至 N – 1 處,因此試圖再加入資料時,佇列便會宣告已滿,不能再加入東西。可是每次有資料離開佇列時,前端便會空出位子,這些位子並沒有被納入回收再用。因此在這樣的演算法下,即使佇列實質為空的,使用者試圖加入資料時,仍會收到「佇列已滿」的訊息回報。

解決此問題的一個方法是在發現 front 值和 rear 相同時,將二指標立即回歸為原始的值 –1,從頭開始。但這個方法只有在佇列內容常常清空時才有用,如果佇列從來不清空,即使只含一個元素,前述的問題還是會發生。

較能根本解決的方式是將整個佇列的空間想像成一個環狀,當 rear 指到尾端而需要再加入資料時,便到首端去看看那邊是否有空位。若有,則佇列繼續往那邊成長。圖 9-4 所示的便是如此的概念,稱為「環狀佇列」。編號 N – 1 的格子下一個格子便是編號 0 的格子,頭尾銜接。0 遞增到 N – 1,N – 1 下接 0,這個數列讓我們想到「模數」運算。所謂「模數」運算是二數相除取其餘數,前述的數列便是自然數數列

除以 N 取其餘數的結果。因此演算法修改如圖 9-5 和圖 9-6，其中 mod 代表模數運算。和一般佇列不同，環狀佇列在觀念上是個圓的結構，因此它的起始狀況並不需要將 front 和 rear 設定成哪一個特定值，僅需將它們二者設為相同即可。

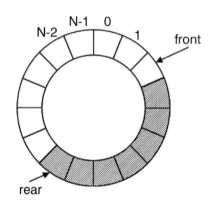

圖 9-4 環狀佇列觀念

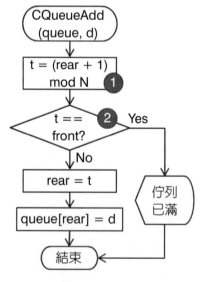

圖 9-5 將資料 d 加入環狀佇列中

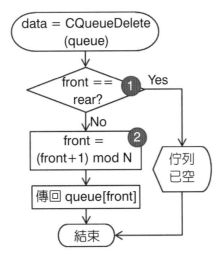

圖 9-6 將環狀佇列首端資料刪除

習題

1. 針對一個空佇列進行如下的運算後,請問佇列中的資料為何?

Enqueue A, Enqueue B, Dequeue, Enqueue C, Dequeue

2. 早期的公車前後均有一個門,乘客由後門上車將票交給車掌小姐剪票,下車則由前門下車。後來一人服務車觀念興起,車掌小姐失了業,司機則兼顧收票、剪票的工作,車門也改成只有一個前門。試比較在這二種模式下乘客上下車行為的變化。

3. 請以連結串列實作佇列,並設計其 Enqueue 及 Dequeue 之演算法。

4. 如課文中所敘述,在陣列實作的佇列中,front 所指的是佇列第一筆資料的領先一個位置。這種做法在環狀佇列中會遇到什麼問題?

5. 在一個具有 8 個儲存空間的環狀佇列中，假設 front 和 rear 的現值均設為 5，請問在下列操作之後，front 和 rear 分別為多少？

Enqueue A, Enqueue B, Enqueue C, Dequeue, Enqueue D, Dequeue, Dequeue

10

佇列的應用

	0	1	2	3	4	5	6
0	1	1	1	1	1	1	1
1	1	1	0	0	0	1	1
2	1	*	0	1	0	1	1
3	1	1	1	0	0	0	1
4	1	1	0	0	1	0	1
5	1	1	1	1	1	0	1
6	1	1	1	1	1	1	1

基本上，下列二種情況是佇列的應用場合：

1. 有資源共用的需求：例如：賣場結帳收銀台、電腦系統中 CPU 時間的共享、印表機的共享 …… 等等。
2. 有非同步溝通的需求：電話答錄機的留言順序、印表機列印的等候、檔案輸出入時的等待、音樂播放時的播放清單 …… 等等。

此二種狀況並非互斥，有時甚至互為因果。

本章將擇要介紹幾種佇列的應用。

10.1　作業系統的工作佇列與訊息佇列

電腦系統中有許多的工作需要 CPU 處理，因此 CPU 的時間必須切割成很細而將各段時間用在不同的工作上。系統程式中有一套程式叫「排程系統」專門負責幫 CPU 排工作，它手上有各種不同的 SOP（標準作業程序）來將須處理的工作排到不同優先等級的工作佇列中。CPU 完成手上工作後便到這個**工作佇列**（Job Queue）中取出下一項工作來進行處理。一項工作如果無法在 CPU 安排給它的時間內完成的話，也會暫時被擱下交給排程系統重新再排序下次繼續執行，直到完成為止。

當初 Microsoft Windows 剛在 PC 系統上推出時，對於 PC 軟體的開發者是個極大的挑戰。因為該系統是一個層層包起來的系統，所有的系統資源（記憶體、鍵盤、畫面等等）均在系統的控制中，程式設計師無法像程式語言指令那樣直接讀取鍵盤的輸入，或是直接在畫面上做一個輸出，而是必須和 Windows 系統作互動。這些互動便是透過訊息佇列來完成。這是個極大的轉變，因為程式師突然發現以前常用的 malloc()（C 語言中用以向系統要求配置動態記憶體）指令竟會導致系統當機。

在 Windows 系統中，每一個視窗都有一個視窗處理程式，系統會將那些和同一個應用程式有關的訊息，全送給該應用程式擁有的所有視

窗之視窗處理程式,由後者去決定要做何處理。相反的,當應用程式要
和系統溝通時,唯一的方法也是要貼出訊息。

而在跨系統間,人們也發現訊息佇列是系統整合的一個好工具。
如果原先的不同系統要進行整合的話,兩邊的程式修改工作將會十分可
觀,而且沒有人願意修改自己的系統去配合別人。使用訊息佇列的觀念
後,只要雙方在訊息內容與格式上取得一致協議後,彼此只要依此格式
互丟訊息即可。這些訊息所憑藉的均是佇列。

10.2　生產者 / 消費者機制的處理

對於同一個資源,兩個程式之間(或是兩個處理程序 Process 之
間,或是兩個副程式之間), 一個負責產出,另一者負責加以取用,則
稱二者間是一種「生產者—消費者」關係。這種機制在許多的應用中都
可以見到,由於資源在取用時,往往依照它被生產出來的順序,符合先
進先出原則,因此佇列便被用來當作生產者與消費者之間的資源傳遞空
間。以下舉幾個例子。

在動畫或是遊戲的畫面中,落葉不斷的由樹上掉落(生產者),累
積在地上,它們必須保留在地上,但也不能無限制的保留下去。因此必
須有另外的程式(消費者)在一段時間後便刪除早先掉落的葉片。在雪
地上踩下的腳印、射擊遊戲在牆上留下的彈痕,也都需要在超過一定
的數量,或是存活一段時間後,自場景中消除。這些樹葉、腳印、彈
痕,均是適合以佇列來存放的例子。

模擬程式一般由二個模組組成,一個是核心的模擬程式,它盡量依
照模擬對象來運作,產生並記錄各種內部的變化,並產出外顯行為變化
的需求(生產者); 另一個模組則是讀取這些外顯行為變化的需求(消
費者),來做對應的畫面更新。二者間的資訊傳遞,憑藉的也是佇列。

其實本章所介紹的各項運作,大都也是屬於生產者—消費者機制的
案例,只是它們有獨立存在的重要性,因此把它們單獨列出來說明。

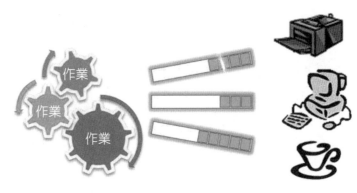

圖 10-1　生產者 — 消費者機制

　　圖 10-1 所示的是生產者 — 消費者機制的觀念示意圖。生產者將格式定義清楚的資料丟到佇列中去，消費者再依其步調到佇列中取出應用。生產者和消費者甚至不需同一時間都存在。例如：假使你想用河內塔來設計一個螢幕保護程式，直接將它寫成螢幕保護程式當然是一種方法，但是它可能會使機器忙得將電力耗光。另一種讓播放機器不要那麼忙的作法是，先用一部較高速的機器將搬盤子的次序全算出來，而將它丟到佇列中去，播放的軟體只需將存起的佇列內容讀出來播放即可。

10.3　周邊設備的非同步作業

　　系統內的某些模組可能因為負責和外界溝通，因此須等待外界的回覆，導致其動作相對慢得多。系統內的其他模組如果需要它的服務時，只須將需求以及相關的資料留下，便可掉頭回去忙自己的事，不必等它完成工作。這類工作往往稱為 SPOOL（Simultaneous Peripheral Operation On Line，週邊設備線上同時作業），最常見的便是列印工作。要列印檔案的軟體只須將檔案依指定格式傳輸到「緩衝區」去，便可以繼續其他作業，列印工作自然有前述的模組接手。這邊所述的緩衝區也是以佇列的方式運作。電腦與網路介面的運作，也是類似於此。

習題

1. 在一些演算法中,原先使用堆疊的場合其實也可以改用佇列,反之亦然。請將 8.3 節的「走迷宮」演算法改用佇列試試,並觀察其中的差別。

2. 【改寫自 101 年地方特考考題】所謂「迴文」是一段正反著唸結果都一樣的文字,例如:英文單字的 madam 和 eve,中文的「來者不善,善者不來」和「人人爲我,我爲人人」。請設計一個演算法用堆疊和佇列來判斷輸入的串列是否爲迴文。

11

樹資料結構

	0	1	2	3	4	5	6
0	1	1	1	1	1	1	1
1	1	1	0	0	0	1	1
2	1	*	0	1	0	1	1
3	1	1	1	0	0	0	1
4	1	1	0	0	1	0	1
5	1	1	1	1	1	0	1
6	1	1	1	1	1	1	1

到目前為止，我們所討論的資料結構有一個特性：它們處理的都是線性的資料串列。從本章開始，我們將踏出另一個步伐，進入非線性串列資料的世界。雖然觀念上這些資料結構不是線性的，但是在掌握它的規則性之後，你會發現許多處理線性資料的技巧在此依然管用。

11.1　樹結構概念

樹是一種常見的資料表示法，例如：

1. 在做問題的分析時，人們常將各項關鍵因子層層展開，整個形狀便像由樹根長出來的枝枝葉葉。只是依習慣不同，有的樹會畫成由左至右成長，有的則繪成由上而下，有的更是由中心往外展開（Mindmapping「**思維導圖**」是個很有名的例子）。

2. 電腦檔案管理的架構也是像一棵樹，樹的最末端是一個個的檔案，中間的資料夾則是分支點。

3. 比賽的賽程表也是一棵樹，總冠軍在最上方，一層層往下分的是各項決賽、準決賽、預賽等等各種名目的一場場比賽，選手們則由最末端一層層的往上爬（當然種子球員會在這棵樹的中途插入，而非最末端）。

4. 另一個常見到而且發源古早的便是族譜圖。在族譜圖中，最上方的是第一代祖先，然後層層往下分支的則是由其上一代所繁衍的子子孫孫。畫成樹的結構，稱之為家族樹（Family Tree）。圖11-1 所繪的是《紅樓夢》榮國府主要人物的家族樹。

一部《紅樓夢》到底包含多少人物，似乎數不清楚。民國初年闌上星白的《紅樓夢人物譜》便列了 721 人。讀《紅樓夢》的人大概都需要像圖 11-1 這樣的圖才能理清頭緒。然而這邊牽涉到一個有趣的文化議題：由於中文是由右至左直書，因此在中文文件（如族譜）中，一般以右、以上為尊、為長。但英文係由左至右橫書，因而係以左為長。但現

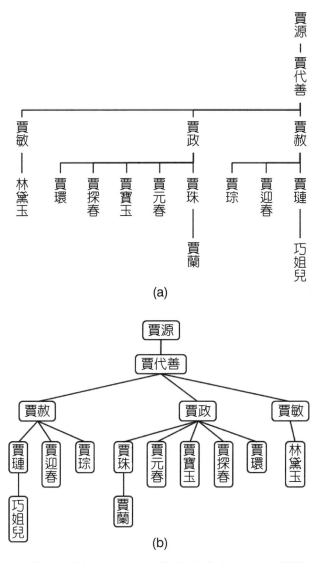

圖 11-1 家族樹（榮國府）：(a) 傳統表達方式；(b) 樹的資料結構

今我們也是由左至右橫書了，因此圖 11-1(b) 這張圖和古典文學中附的圖 11-1(a) 恰左右相反。

　　和前面一樣，用以存放資料的點稱為「節點」。從外觀來看，整個

「樹」的資料結構可以想像成一棵倒立的樹，最上方居於其他所有節點上游的特殊節點稱為「**樹根**」（Root），或叫「根節點」。將所有的樹幹和樹枝均簡化為一根根的線稱為「分枝」（或是直接稱為繪出圖的「邊」），所有分枝的分岔點也用節點來記錄。最末端不再分岔出去的節點稱為「樹葉」（Leaf），或是「葉節點」。

對於任一個分枝，上方的節點稱為「父節點」，下方的稱為「子節點」，具有相同父節點的節點稱為「兄弟節點」。

請注意，在前述的定義中，我們只規範到上下（或是父子）關係（這個關係是由樹根一脈而出），至於左右（兄弟）關係則完全未加規範。因此同一棵樹便有許多種不同的畫法。

和樹相連的術語相當的多，這些術語大概都可以從族譜圖中體會而來，因此我們將在使用到它時再來定義它。

為「樹」下個較嚴謹的定義：樹是由一個以上的節點所形成的有限集合，其中唯一的一個特殊節點稱為根節點，其餘的節點分成數個互斥集合，它們各自也都是樹，這些樹稱為根節點的子樹。

由節點出發經過一系列的「邊—節點」串列而到達某一個節點的經過稱為一個「路徑」。例如：圖 11-1(b) 家族樹中，「賈寶玉 — 賈政 — 賈代善 — 賈敏 — 林黛玉」便是一個路徑。如果過程中有某個節點出現二次以上，則稱以該節點起訖的路徑為一個「迴路」。很顯然樹的結構不應該有迴路存在。而且除了上下關係外，任意二節點間要進行溝通時，必須先往上找到二者共同的祖先，然後再往下前往另一方。

樹具有如下的幾個性質：

1. 任意二節點間有且僅有唯一的一條路徑可以相通。

2. 具有 n 個節點的樹將有 n − 1 個邊（習題 6）。

3. 在樹中加入一個邊將造成迴路。

11.1.1 樹的表示法

只要能記錄傳達所需的資訊，任何表示法均是可行的作法。但為了

研究方便，樹的表示法需稍加統一，本小節將介紹常用的幾種。

1. 括號表示法

在文字敘述中，能打字直接表達出來的可能是最方便的方法，括號表示法便是如此。基本觀念是以括號標示一棵樹或子樹所涵蓋的所有節點，其中第一個項目是該樹的根節點，其後則以一組組的括號列出它的各個子樹。例如：圖 11-1 所示的家族樹可以表達為：

（賈源（賈代善（賈赦（賈璉（巧姐兒））（賈迎春）（賈琮））（賈政（賈珠（賈蘭））（賈元春）（賈寶玉）（賈探春）（賈環））（賈敏（林黛玉））））

雖然我們看得眼花瞭亂，許多專門的軟體還是可以處理得很好。然而就資料結構的學習者而言，重點還是要能方便儲存與處理。

2. 單一連結表示法

設計樹的資料結構時，我們想到連結串列，因為我們可以根據一個節點所需要分出去的分枝數來設計其連結的數量。從家族樹的例子來看，一個人可能有數個子孫，但它一定只有一個父親。也就是說，如果我們將節點間的關係定義為該節點指向其父節點的連結，則各節點僅需一個連結即可，甚至用陣列即可完全記錄。以圖 11-1(b) 所示的家族樹為例，可以用圖 11-2 的單一連結來加以表示。圖 11-2(a) 各節點旁的數字代表分配給它的陣列位置（索引值）。

此種表示法一般用於物件導向系統「單一繼承」關係的表達中，C++ 等多種物件導向語言類別間的繼承關係便是一例。當需要傳達的只是「我們是一夥的」或是「贊成的請舉手」之類的關係時，此表示法十分的有用。

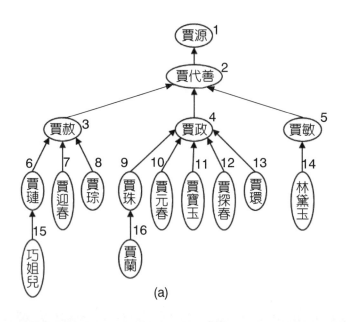

(a)

索引值	1	2	3	4	5	6	7	8	9	10	11	12	13	14	15	16
父節點	-1	1	2	2	2	3	3	3	4	4	4	4	4	5	6	9
data	賈源	賈代善	賈赦	賈政	賈敏	賈璉	賈迎春	賈琮	賈珠	賈元春	賈寶玉	賈探春	賈環	林黛玉	巧姐兒	賈蘭

(b)

圖 11-2　家族樹的單一連結表示法：(a) 概念圖；(b) 用陣列實作

3. 多重連結表示法

　　若從樹根往外看，會得到不同的表示法。圖 11-3 所示的便是圖 11-1(b) 家族樹的另一種資料表示法。在這個表示法中，我們針對節點所設計的資料結構關係是由父節點負責記錄連結其各個子節點。但是由圖中的觀察，我們馬上會發現一個問題：由於連結欄位的數量必須能容納最大的分枝數，導致許多未達此數目的節點充斥著無用的連結。事實上，我們可以推導出來，無用的連結比有用的連結還多（習題 4）。

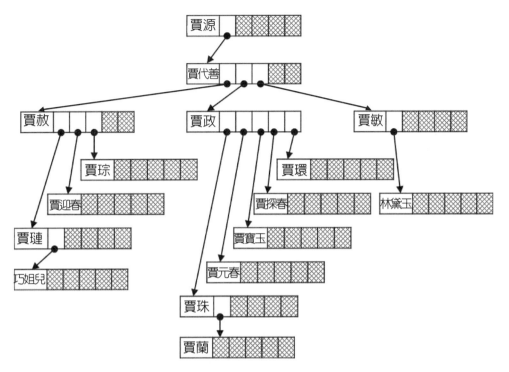

圖 11-3　家族樹的多重連結表示法

　　一個節點的下一代數量稱爲該節點的「分支度」，而整棵樹中所有節點分支度的最大值便稱爲該樹的分支度。如圖 11-3 所示，此一分支度決定了該樹要用多重連結串列來表達時，該保留多少個連結欄位。

　　從一個節點經過一個邊可以到達另一個節點，我們稱這個動作叫走了一「步」。如果稱樹根爲第一代（有的人稱爲**「階度」**，Level），則由樹根走到任一節點的步數再加上 1 便代表該節點是第幾「代」，也稱爲該節點的「高度」。而整棵樹中所有節點高度的最大值便稱爲該樹的高度（由於樹的畫法是往下增長，因此有的作者會將這裡的「高度」改稱「深度」。區分二者意思不大，本書將雜用之）。例如：在圖 11-3 中，賈源爲第一代（階度爲 1）、賈寶玉爲第四代（階度爲 4），此圖中輩分最低的爲巧姐兒和賈蘭，他們爲第五代，因此這棵樹的高度爲 5。

11.2　林的概念

中國人造字說二棵樹成「林」，三棵樹則成「森」，既然有樹資料結構，應該也有林資料結構。果然。

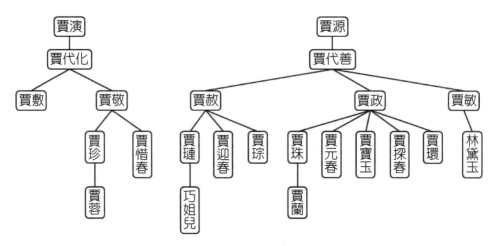

圖 11-4　林的案例（寧國府、榮國府）

圖 11-4 所示的是《紅樓夢》賈府二大家族的人物關係，顯然它是由二棵樹所組成。但這僅是常識的推展，看看嚴謹的「林」的定義：林是 0 個以上互斥的樹所形成的集合。

請注意，雖然聽起來有點矛盾，但依據定義，樹不可以是空的（至少有個樹根），林卻可以。或者說，把一個森林的樹砍光了，樹根挖光了，它還是叫森林。

11.3　二元樹

前面所談的樹雖是彈性極大，但終究較鬆散，要交給電腦處理問題較多。「二元樹」是一種規定較嚴格的樹，我們先看它的定義：二元樹是 0 個以上節點的集合，當節點數不為 0 時，有一個唯一的節點稱為樹

根，其餘的節點分成互斥的左右子樹。左邊的子樹稱為左子樹，右邊的子樹稱為右子樹。此二子樹也都是二元樹。

由前述定義可以看出二元樹和樹（必要時，我們將其稱為「一般樹」以便和二元樹清楚區別）至少有幾個不同點：

1. 樹至少要有一個節點，二元樹則可能是空集合。
2. 二元樹的子樹恰好有二個（當然，其中有的可能會是空集合），而且這二個子樹嚴格分為左右子樹，不可混用。因此，在繪製二元樹時，必須清楚的繪出它是居左還是居右。

從定義可知，二元樹的第一代最多只有 1 個樹根，第二代最多有 2 個節點，第三代最多有 4 個節點，…… 我們可以推得：

$$二元樹的第 i 代最多有 2^{i-1} 個節點 \qquad (11\text{-}1)$$

如果一個二元樹的每一代都存在最大可能的節點數時，我們稱此稱此二元樹為「完全（Fully）二元樹」，參見圖 11-5。如前一小節的定義，一棵樹中最遠的一代稱為該樹的高度，因此，對於一個高度為 n 的完全二元樹，其節點總數為 $2^0 + 2^1 + 2^2 + \cdots + 2^{n-1} = 2^n - 1$。換言之，

$$對於高度為 n 的二元樹，其節點數最多為 2^n - 1 個 \qquad (11\text{-}2)$$

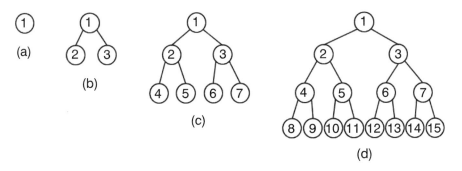

圖 11-5　完全二元樹：(a) 高度為 1；(b) 高度為 2；(c) 高度為 3；(d) 高度為 4

仔細觀察圖 11-5，若針對完全二元樹的所有節點，由上而下，由左而右的給予編號，並以樹根編號為 1，則：

> 第 i 代的最左邊一個節點編號為 2^{i-1}，而最右邊一個節點
> 編號便為 $2^i - 1$ 　　　　　　　　　　　　　　　　　　（11-3）

對於任何一個節點，若其編號為 i，除了樹葉節點之外，則：

> 編號為 i 的節點，其左子節點編號為 2i，右子節點
> 編號為 2i+1 　　　　　　　　　　　　　　　　　　　　（11-4）

同時，除了根節點之外，

> 編號為 i 的節點，其父節點編號為 $\left\lfloor \dfrac{i}{2} \right\rfloor$ 　　　　　　　　　（11-5）

　　請注意，雖然從外觀來看，二元樹和樹很相似，但是二者觀念完全不同，所以是二個完全不同的東西，勿將二元樹視為樹的特例（有些作者確實認為二元樹是樹的一種特例，但大師 Knuth 特別強調二者不可混為一談，所以在此提出）。

11.3.1　二元樹的表示法

　　如何用資料結構表達二元樹呢？常用的有二種方案。

1. 用陣列表示

　　根據前面對於完全二元樹的分析可知，一個高度為 n 的二元樹，我們需要 2^n 個儲存空間（其中編號 0 未用，可做其他用途），本表示法按照前述完全二元樹的編號方式將資料填入陣列對應的元素中，不存在的節點則虛位以待。

這種做法的好處是二元樹節點的增減均不需做任何的變動，而且任何一個節點都可以分別利用式子（11-5）及（11-4）很快的找到其父節點及子節點。圖 11-6 所示的便是一個例子。

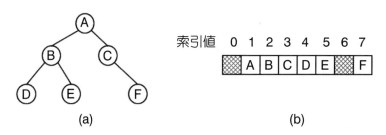

(a)　　　　　　　　　　　　　　　(b)

圖 11-6　二元樹的陣列表示法：(a) 一棵二元樹；(b) 對應的陣列表示法

2. 用連結串列表示

由 data（資料）、LLink（左子樹連結）、RLink（右子樹連結）三者組成一個節點，便可以用以記錄二元樹。圖 11-7 所示的便是個用以表達圖 11-6(a) 二元樹的例子。

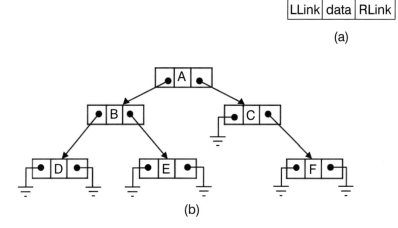

圖 11-7　二元樹的連結串列表示法：(a) 節點的結構；(b) 圖 11-6(a) 所示二元樹的連結串列表示法

11.3.2 一般樹轉為二元樹

一般樹可以轉成二元樹，這邊用繪圖的方式說明其方法與步驟如下，請參見圖 11-8 之示範：

1. 從根節點及各層子樹的根節點建一個連結指向其最左方的子節點（長子），可稱之為「父子連結」，王位繼承的術語叫「父死子繼」。此即圖 11-8(a) 之連結；
2. 從各節點建一個連結指向其右方的節點，可稱為「兄弟連結」，王位繼承的術語叫「兄終弟及」。此即圖 11-8(b) 之連結；
3. 將「父子連結」畫成往左下 45 度的方向，而「兄弟連結」畫成往右下 45 度的方向，大功告成。最後成果如圖 11-8(c)。

此程序即是以「父子連結」為左連結，「兄弟連結」為右連結建立一棵二元樹，任意一棵一般樹都可以經此程序建立一棵對應的二元樹。因此在以下討論中，我們將聚焦於二元樹，而不再接觸一般樹。

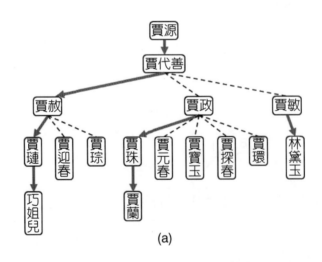

(a)

圖 11-8　一般樹轉為二元樹：(a) 加上往長子的連結；(b) 加上往兄弟的連結；(c) 調整畫連結的角度

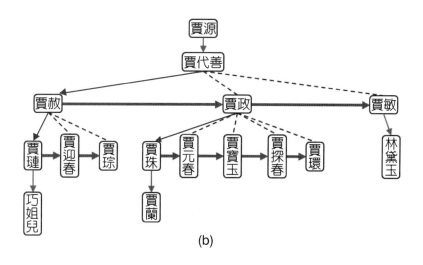

(b)

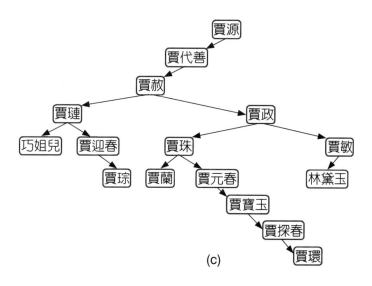

(c)

圖 11-8（續）

11.3.3 林轉為二元樹

　　林亦可轉成二元樹，其步驟幾乎和一般樹轉成二元樹的過程完全相同，只有在建立「兄弟連結」時將林中各樹視為兄弟，而在他們的樹根

間建立「兄弟連結」，中華文化的術語叫「長兄如父」。圖 11-9 所示的便是圖 11-4 的林所建立的二元樹。請注意由賈演至賈源的兄弟連結，它將二棵樹連在一起。

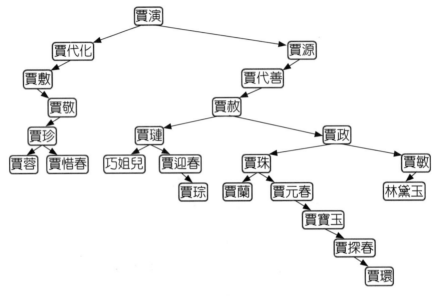

圖 11-9　林轉為二元樹

11.4　二元樹的走訪

如同在介紹回溯法時所提到的，在探討或尋找不同的可能性時，我們必須有方法將所有的可能狀況全列出來。設計資料結構來存放資料時，也必須保證有方法能走訪到存在結構中任何一個位置的資料。例如：資料結構常遇到的查詢是：某筆資料是否已存在結構中？若是，它存在於何處？為了回答此類的問題，我們必須設計一種方法能系統性地將所有節點均「拜訪」一次（而且只能一次）。此項處理，在二元樹資料結構中稱為「二元樹的走訪」。簡單的說，所謂走訪就是要以其拜訪

的次序在非線性的資料結構中為所有的資料拉出一個線性關係來。

　　如何定義二元樹的走訪方式呢？回顧二元樹定義，可以發現其中的主體是樹根、左子樹、以及右子樹三者，因此先訂下走訪規劃的規則：

1. 左子樹一定要在右子樹之前拜訪（沒有為什麼，只是終究需要定義一個規矩而已）。

2. 再於二子樹的走訪之間訂定根節點的走訪時機。

二子樹走訪次序訂下後，可插入根節點走訪的時機共有三處，一般按根節點走訪的位置來決定其名稱，得到走訪二元樹的方法有以下三種：

1. 前序法（Preorder，口訣 DLR），依下列次序進行走訪： 拜訪樹根（Data）→ 拜訪左子樹（LLink）→ 拜訪右子樹（RLink）；

2. 中序法（Inorder，口訣 LDR），依下列次序進行走訪： 拜訪左子樹（LLink）→ 拜訪樹根（Data）→ 拜訪右子樹（RLink）；

3. 後序法（Postorder，口訣 LRD），依下列次序進行走訪： 拜訪左子樹（LLink）→ 拜訪右子樹（RLink）→ 拜訪樹根（Data）。

　　這些定義似乎在擺迷魂陣，同樣三句話搬來搬去。但這代表其實要做的動作都一樣，只是次序不同而已。而拜訪左子樹或是拜訪右子樹也是把左或右子樹當作一個二元樹，重新套用走訪的規則，因此這又是一個遞迴定義法。前 / 中 / 後序法走訪二元樹的演算法分別如圖 11-10、11-12、11-14 所示。

　　下面我們舉一個簡單的二元樹，分別用三種方法進行走訪，以觀察各節點的拜訪次序。

　　首先看前序走訪，參見圖 11-11。在此圖中，我們用表解的方式詳細的列出走訪時的各個動作，以及在遞迴時所處理的對象。在此圖中，每往右移動一行，便代表一個新的遞迴呼叫展開。首先拜訪根節點 A ❶，接著拜訪其左子樹 ❷。而左子樹是以 B 為樹根的另一棵二元樹，

因此針對它重新啟動前序走訪：拜訪樹根 B ❶，再拜訪其左子樹❷。此時遇到空的二元樹，於是順利完成（圖中表格對應的項次以「X」符號代表之）。再拜訪 B 的右子樹❸，這個右子樹是以 D 為樹根的二元樹，於是針對它重啟前序走訪 …… 整個節點的走訪次序為：ABDC。

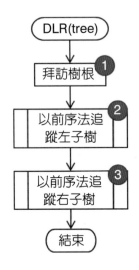

圖 11-10　樹的前序走訪

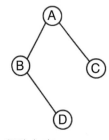

拜訪次序：ABDC

DLR(A)	❶ D：拜訪 A		
	L: DLR(B)	D：拜訪 B	
	❷	L: X	
		R: DLR(D)	D：拜訪 D
			L: X
			R: X
	R: DLR(C)	D：拜訪 C	
	❸	L: X	
		R: X	

圖 11-11　樹的前序走訪例

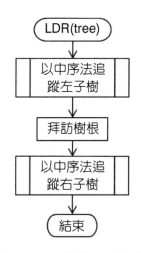

圖 11-12　樹的中序走訪

在圖 11-13 中，我們用表格由左至右詳細的分解列出中序走訪時的各個動作，以及在遞迴時所處理的對象。請自行對照圖 11-12 的演算法追蹤其執行。整個節點的走訪次序為：BDAC。

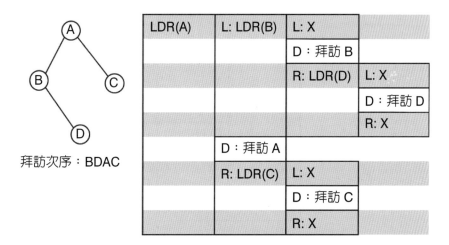

圖 11-13　樹的中序走訪例

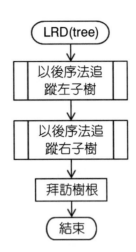

圖 11-14　樹的後序走訪

圖 11-15 中所列出的則是後序走訪時的各個詳細動作，以及在遞迴時所處理的對象。請自行對照圖 11-14 的演算法追蹤其執行。整個節點的走訪次序為：DBCA。

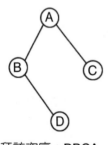

拜訪次序：DBCA

LRD(A)	L: LRD(B)	L: X	
		R: LRD(D)	L: X
			R: X
			D：拜訪 D
		D：拜訪 B	
	R: LRD(C)	L: X	
		R: X	
		D：拜訪 C	
	D：拜訪 A		

圖 11-15　樹的後序走訪例

習題

1. 一般而言，一棵樹各子樹間的次序是有意義的，因此稱為有序樹（Ordered Tree）。如未特別指出，一般談到樹指的都是有序樹。給予 A、B、C 三個不同的節點，請問它們可以組合成幾種不同的樹？

2. 如果子樹間的次序不重要，該樹便稱為有根樹（Oriented Tree）。同前一題，請問可組合成的有根樹數量？

3. 沒有指定樹根的樹稱為無根樹或叫自由樹。同前一題，但改問可組合成的無根樹數量？

4. 假設一棵樹具有 n 個節點，而各個節點保留了 k 個連結欄位以記錄其下一代。試計算這些連結欄位中有幾個會是 NULL？

5. 繼續上述問題，重算二元樹中值為 NULL 的連結數。

6. 【104 年高考考題】證明具有 n 個節點的樹將有 n – 1 個邊。

7. 【104 年高考考題】在一個二元樹中，令 n_i 代表具有 i 個下一代的節點數，其中 i = 0, 1, 2。試證明 $n_0 = n_2 + 1$。

8. 試比較用以表示二元樹的二種方法：陣列法及連結串列法之優劣點。

9. 在中國舊式族譜中，唯有男丁才得列入登錄。假設自某代開宗祖先迄今，在某族譜上共登錄了 30 人，且在當年屬行生育管制計畫下，每人最多只能生二個。今知道此族譜中一舉得二男的共有 10 人，請問此族譜中未生男丁的有幾人？

10. 比較一下樹、林、與二元樹的定義。

11. 三個節點的二元樹有幾種型態？

12. 定義二元樹的「階序走訪」如下：若二元樹為空的，則傳回空操作；否則，從二元樹的第一階（也就是樹根）開始，由上而下逐階走訪，而在同一階中則由左至右走訪。這可以比擬為嚴格宗法社會下的長幼次序：輩分越高越尊貴，同輩之間，依然嚴格依長幼為序。試設計階序走訪的演算法。

12

樹的應用

	0	1	2	3	4	5	6
0	1	1	1	1	1	1	1
1	1	1	0	0	0	1	1
2	1	*	0	1	0	1	1
3	1	1	1	0	0	0	1
4	1	1	0	0	1	0	1
5	1	1	1	1	1	0	1
6	1	1	1	1	1	1	1

樹是許多研究的基礎，在不同的研究領域都可以看到它的身影，甚至常有整篇研究論文的核心便是一棵樹的情形（包括該樹的意涵及相關的運算演算法）。針對不同領域的應用，它也有許多不同的修改或變形，若要詳細介紹這些應用，恐怕一本專書也不夠。因此，我們僅能限縮於一般資料處理所常見，而且在後續章節會用到的幾種進行介紹。

12.1 資料的集合

我們常說某某和某某是一夥的，這個一夥的觀念便叫集合。數學上的定義也很寬鬆：一群（個數可以是 0）具有特定相同性質的元素所形成的群體，便稱之爲「集合」。此外，在做資料處理時，也常常需要做資料的分組，分組工作最簡單的解釋便是將所有的資料分爲數個集合。

要區分某筆資料是否屬於某個集合時，如果僅有一個集合，而且各資料只有「屬於」和「不屬於」這兩種狀況之一的話，僅需用一個陣列來加以記錄各個元素是否屬於該集合即可。然而如果集合數量不只是 1，甚至可能隨著資料的輸入而改變的話，陣列的作法便面臨挑戰。

許多演算法都會用到集合。例如：在回溯法中便有「待確認」ToCk 這個集合。本節將說明如何用樹的觀念實作集合的操作，但在開始之前，先列出集合的幾個特性：

1. **集合的元素必須具有唯一性：**也就是集合內的元素不可相同。
2. **各集合之間彼此的元素必須有互斥性：**也就是元素只能屬於一個集合。
3. **集合內的元素彼此間並不具有次序關係。**

爲了實作集合的操作，我們運用圖 12-1 所示的節點結構設計，除了資料外，我們在節點中加了一個名爲 boss 的連結，它指向所屬集合的上一層節點。我們將把各個集合表示成一棵棵如圖 11-2(a) 所示的家族樹，而稱之爲「集合樹」。但爲了優化後面查詢的效率，我們將使集

合樹的高度盡量縮短。原則是在歸依到其他的集合樹去時，直接歸依該樹的樹根，不要歸依在已知的對手下。初始狀態下，所有節點的 boss 欄位值均為 −1。集合樹的根節點並無特別的要求，任何一個節點均可擔任。因此，若有 A 至 E 等 5 個節點，集合操作的初始狀態便如圖 12-3(a) 所示，各節點此時均為一棵獨立的集合樹，其 boss 欄位註於根節點上方。

圖 12-1　資料節點設計

12.1.1　建立聯集

　　第一個要做的工作是建立集合樹，此項工作可以用聯集來完成它。所謂「聯集」是將二個集合的元素合而為一，而成為一個集合。圖 12-2 所示的演算法將 p 和 q 所指向的資料節點以及它們原先所屬的集合進行聯集，聯集後的結果以 q 所屬集合的根節點為最後的根節點。分析它的作法，在步驟❶中，我們沿著 boss 連結一路往上找，一直到指向 p 所屬集合樹的樹根為止。同樣的，在步驟❷中也找到 q 所屬集合樹的樹根。若此二樹根不相等，表示 p 和 q 來自不同的集合樹，於是讓 p 的樹根（率領其旗下徒子徒孫）改以 q 的樹根為 boss ❸，如此整棵樹都帶過去了。

　　以圖 12-3 為例子來做說明。最開始，所有的節點都是自己獨立的一棵集合樹如圖 (a)。加入 A∪B 這個條件後，A 歸依到 B 樹下如圖 (b)。接著加入 C∪D 這個條件，同樣的 C 歸依到 D 樹下如圖 (c)。接下來 B∪C 比較麻煩，首先 C 找到其樹根 D ❷，然後讓 B 歸依到 D 樹下 ❷如圖 (d)。最後 B∪E 這個條件讓 D（B 所屬樹的根節點）歸依到 E 樹下❸如圖 (e)。

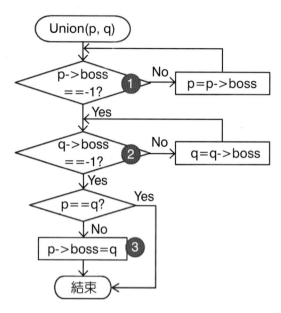

圖 12-2　資料的聯集

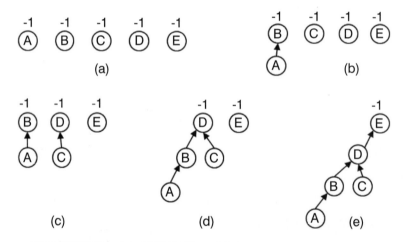

圖 12-3　聯集運算例：(a) 初始狀態；(b) 加入 A∪B；(c) 加入 C∪D；(d) 加入 B∪C；(e) 加入 B∪E

　　這個演算法只能講是基本可用，因為它有達成其工作目的，但是產生出來的樹仍嫌太高。樹越瘦高，往下做處理的效率便會變差，因為要

花更多的時間才能找到其樹根。該如何加以改良？（習題 1）

12.1.2　判斷是否屬於同一集合

　　前一小節是將知道的的夥伴關係零碎資訊加以整合在一起，本小節便是要回答某某和某某是不是同一夥這一類的問題。演算法如圖 12-4 所示，還是先各自找到自己所屬集合樹的樹根，再比對一番是不是同一個即可。你可以發現這個演算法根本是前一個演算法的局部版本。

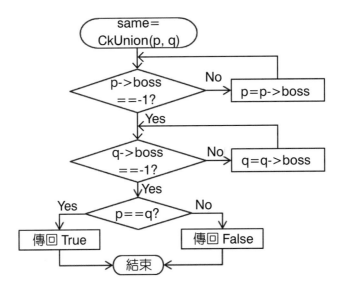

圖 12-4　檢查聯集關係

12.2　優先佇列與累堆

　　佇列的基本觀念是各個資料依來到的次序「先進先出」，可是我們常在應該是以佇列觀念運作的場合看到不合此次序的情形。例如：

1. 若無意外發生，車道上的車輛應依先後順序魚貫而行，可是消防車、救護車、以及工程救險車卻有優先通行的權利。

2. 在主題樂園玩遊樂設施本應依排隊順序先到先上，可是花點錢買張優先通關證的遊客卻可以經由另一條較短的人龍後發而先至。

3. 作業系統對於系統各部所傳來的訊息雖是由訊息佇列中逐一取出處理，但是當系統反應很慢甚至當機時，你便可以發現按下任何按鍵都沒有反應，可是滑鼠卻仍可正常移動，顯然它的處理有所不同。

前述的情形主要的原因是不同的工作要求有不同的優先等級，等級高的便優先處理，具有此功能的資料結構稱為優先佇列（Priority Queue）。存在此資料結構中的資料，除了其他資料欄位外，還特別有一個欄位定義該筆資料的優先等級。優先等級相同的資料便依先來後到的次序離開，而優先等級不同者，則由等級高的先離開。或者說，不同優先等級的資料進入優先佇列後，將會自動依其優先等級為序而離開，圖 12-5 所示的便是這個觀念。

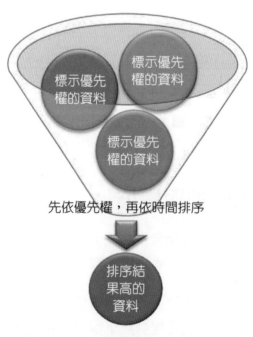

圖 12-5　優先權佇列的觀念

此種資料結構又被稱爲「**字典**」（Dictionary），因爲其運作結果像字典編輯，每一個項目均包含「單字」及「單字解說」兩部分，不論編入字典的次序爲何，各個項目一定依照「單字」的內容依次排序。

有的系統則將此種資料結構稱爲「**對應**」（Map），每筆資料均由「鍵值」及「資料項」二個欄位組成，不論加入「對應」中的次序爲何，每次由其中取出的次序均以「鍵值」欄位爲序。

當優先權的分級數量有限時，可以爲不同的優先權設立不同的佇列，資料便可以依其優先權而到不同的佇列去排隊。例如：航空公司爲不同的艙等設有不同的報到櫃台，各條人龍長度不一也無可怨言。然而，當優先權的可能分級範圍相當的大時，這種作法顯然有問題，需要使用一般性的解法，也就是用累堆。

使用累堆（Heap）的資料結構來實現優先佇列時，其名稱雖叫佇列，但是它和前面所介紹的佇列在結構上已經完全不同。

12.2.1　累堆的定義

累堆是一種特殊的二元樹，一般分爲**最小累堆**（Min-heap）以及**最大累堆**（Max-heap）。所謂最小累堆是，不論資料加入的次序爲何，每次自累堆中取出的一定是當時所存資料中的最小者。最大累堆則是每次均爲最大者。

在定義累堆的操作前，先介紹一種特殊的二元樹叫「**齊整二元樹**」（Complete Binary Tree），它的特性是：不論它需要多少節點，節點的配予一定嚴格遵守由上而下（上一代空間全部塡滿，才能用到下一代的空間），以及（同一代間）由左至右的規則。若用陣列來實現此二元樹，我們便可以發現所有儲存格均集中在陣列的開頭端。圖 12-6 所示的便是符合齊整二元樹要求與否的例子。

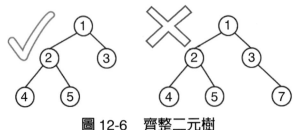

圖 12-6 齊整二元樹

因此，最大累堆的定義如下：

1. 它是一種齊整二元樹。

2. 它的子樹（如果有的話）的節點值均不大於其樹根值。

3. 它的子樹（如果有的話），也都是最大累堆。

請注意，由這個定義可知，整個最大累堆資料的最大值便是其樹根所存放的值。此外，這定義僅要求樹根的值要比其所有子樹的節點大（或相等），至於左右子樹之間的關係則完全未提及。圖 12-7 所示的便是一個最大累堆的例子。

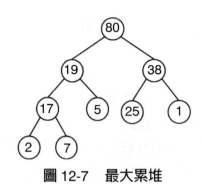

圖 12-7 最大累堆

累堆有幾個特性值得一提：對於一個具有 n 個節點的累堆，其

1. 高度為 $\lfloor \log_2 n \rfloor + 1$ (12-1)

2. 最後一個非葉節點位置在 $\left\lfloor \dfrac{n}{2} \right\rfloor$ 　　　　　　　　　　（12-2）

因此，不論新增或是刪除資料元素，我們要做的都是要維持上述定義的要求。運作上，我們可以簡化成二項口訣：

1. 隊形要對（維持齊整二元樹）。

2. 次序要對（任何一個根都要比其左右子樹的節點大或相等）。

12.2.2　新增元素到最大累堆

以下便來介紹累堆的運作，也就是如何處理資料的新增和刪除，以維持上述的功能。在以下的說明中，我們仍將以最大累堆為例來進行。

新增元素的基本邏輯是：按照齊整二元樹的要求將資料放到下一個可用的位子去（隊形要對），然後再將該資料調整到正確的班次去（次序要對）。

參見圖 12-8 的流程圖。要依齊整二元樹的要求增加一個可用的位子❶並不難，如果使用陣列來實作的話，現在有 n 個元素表示占用了陣列索引值 1 至 n 的元素，下一個可用的元素自然便是索引值為 n + 1 的這個元素。

新節點的加入可能破壞原先最大累堆的格局，因此需要將新節點調整到該有的位置。換言之，這個新來的值應依規矩讓它升到該有的位置。做法是讓該新節點和其父節點相比，只要它的值比父節點大❷，便讓二者互換，而且重複此項處理讓這個新值一路往上浮❸，直到沒有父節點或是父節點的值不比它小為止。由於累堆的高度為 $\lfloor \log_2 n \rfloor + 1$，因此此項比對最多只要 $\lfloor \log_2 n \rfloor$ 次。

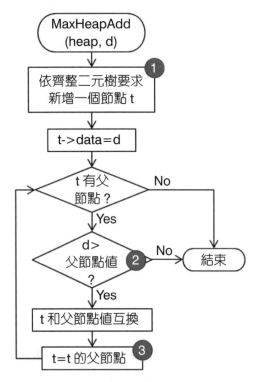

圖 12-8　最大累堆加入元素

　　我們來看個例子，在圖 12-7 所示的最大累堆加入一個新元素 20。為了方便起見，此最大累堆重繪於圖 12-9(a)。第一個動作是在二元樹中添增一個新節點稱為 t，依齊整二元樹的要求，此節點應該是 5 的左子樹，並將此節點的值填入新值 20，如圖 12-9(b) ❶。

　　第二步，將此二元樹調整為最大累堆。由 t 檢查看看它是否有父節點，此例為 5。因為 20 > 5 ❷，因此 20 和 5 需互換。t 再指向 20 所在的節點 ❸，如圖 12-9(c)。接著，20 > 19，因此 20 和 19 再互換，得到圖 (d)。此時 20 < 80，因此結束 20 這個值往上浮的過程。

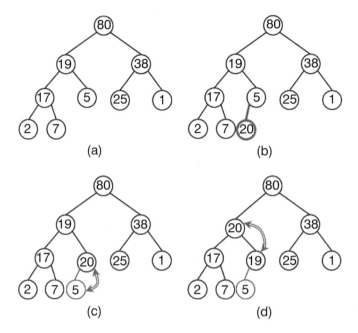

(a)

(b)

(c)

(d)

圖 12-9 於最大累堆加入 20

12.2.3 自最大累堆中刪除元素

參見圖 12-10，刪除元素的基本邏輯是：將樹根資料送出（因此使用者拿到的是所有資料的最大值）❶，然後依齊整二元樹規則，將排在最尾端的元素拉上來暫時填入樹根的位置，刪除其原來的節點（隊形要對），再將此資料調整到正確的班次去（次序要對）。

要撤除一個節點，依齊整二元樹的要求自然是最後邊的一個❸。被撤除位置的值先放到樹根去❷，再依最大累堆的要求調整樹的內容。換言之，暫代樹根的值必須依規矩降到屬於它的位子去。此值調整的方式恰和加入新值往上升時相反，需一路降到所有子節點的值都不比它大為止❺。問題在於它可能有左右共二個子樹，因此必須挑此二子樹中較大的值往上升才能維持穩定❹。由於累堆的高度為 $\lfloor \log_2 n \rfloor + 1$，因此，此項比對最多只要 $\lfloor \log_2 n \rfloor$ 次。

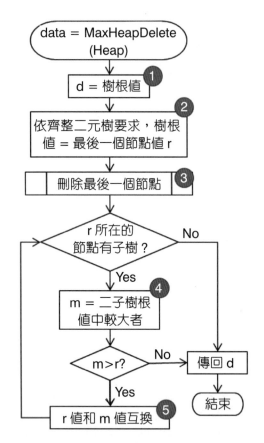

圖 12-10　自最大累堆取出元素

　　由圖 12-7 的最大累堆中取出一個值，必是其樹根 80 ❶，如圖 12-11(a)。接著依齊整二元樹要求拆掉一個節點，此節點即是 7 所在的位置 ❸，並將 7 暫時移置樹根的位置❷，如圖 12-11(b)。接著將此二元樹調整成最大累堆。

　　7 有二個子樹，這二子樹樹根值較大者爲 38 ❹，而 38 > 7，因此 38 和 7 互換❺，得到圖 12-11(c)。此時 7 的子樹中有一個爲 25，25 > 7，因此二者又互換得到圖 12-11(d)。至此 7 已無子樹，得到穩定位置。

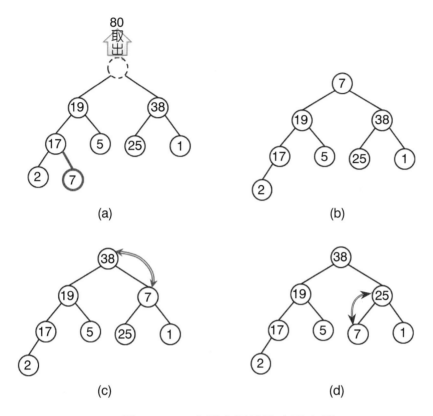

圖 12-11　自最大累堆取出元素例

12.3　二元搜尋樹

　　在介紹二元樹的走訪時，我們強調它是一種系統性的方法，可以保證二元樹中的每個節點都會拜訪到，顯見它是一種回溯法。而在介紹回溯法時，我們也提到，即使採用的是回溯法，只要在設計資料結構時，加入對於待解問題的知識，程式的效率還是可以提高很多。

　　我們要解的問題是，程式在執行中有許多資料要處理，這些資料均存到資料結構中，請問，需要用到某一筆資料時，如何能盡快的找到它，或是確認它不存在？

Chapter 12 **樹的應用**

這個問題的解法有很多，第 16 章將專門予以介紹，在這邊僅介紹二元搜尋樹。先看看它的定義：

二元搜尋樹是一種二元樹，其節點的值具有下列的性質：

1. 各值唯一存在，不可與其他節點值重複。
2. 若左子樹存在，則左子樹節點的值 < 樹根的值。
3. 若右子樹存在，則右子樹節點的值 > 樹根的值。
4. 左子樹和右子樹也都是二元搜尋樹。

由於具有定義中的特性，二元搜尋樹可以運用於資料的搜尋上，只要將資料加入二元搜尋樹中，它便已完成排序。圖 12-12 所示的便是二元搜尋樹的一個例子。根節點是 29，左子樹的所有節點值均比 29 小，右子樹的節點值則均比 29 大。當樹的形狀接近扁平時，可以達到不錯的搜尋效率。

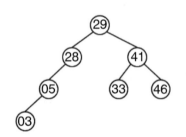

圖 12-12　二元搜尋樹例

12.3.1　加資料至二元搜尋樹

首先我們談二元搜尋樹的建立，插入資料到二元搜尋樹的方法和後面要介紹的搜尋工作很像，先找到該資料在樹中應該占有而目前實際是空的位置，然後將資料加入。圖 12-13 是它的演算法，它在以 root 為樹根的二元搜尋樹中加入一筆資料 d。如果 root 是 NULL，表示 d 是這棵樹（可能是整棵大樹的子樹）的第一個節點，於是便為 d 建一個節

點，將節點加在此處❸。如果 root 不是 NULL 呢？表示現在的位置已有資料，於是必須根據 d 值比現有值大或小，而以遞迴呼叫方式分別往根節點的右❶或左❷子樹繼續往下找。由此演算法可以看出，每次加入一個新的資料❸，其實是在樹中新建一棵暫時只有根節點的子樹（它是整棵大樹的樹葉），因此不須變動任何其他的連結。

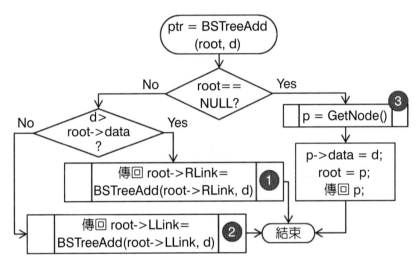

圖 12-13　在二元搜尋樹插入節點

　　假設輸入如下的資料串列：27 07 25 03 37 31 24，該如何建立一棵二元搜尋樹？首先，讀入 27，用它建立第一個節點，它便是樹根❸。接著讀入 07，因為 07 < 27，因此，07 往樹的左子樹擺❷。而此時 27 的左子樹尚未建立，因此 07 便成為 27 的左子樹樹根。再讀入 25，因為 25 < 27，因此往左子樹擺。25 > 07，因此 25 成為 07 的右子樹樹根。圖 12-14 的 (a) 至 (g) 便是整個完整建立過程。

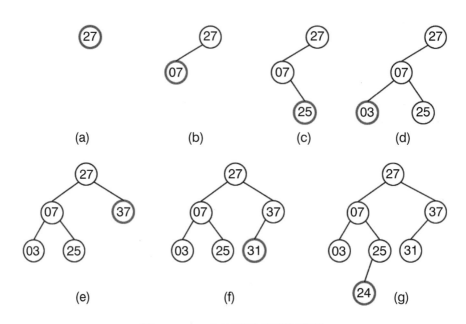

圖 12-14　二元搜尋樹的建構

12.3.2　二元搜尋樹的搜尋

　　二元搜尋樹的搜尋工作是在樹中找到指定元素位置。走訪二元搜尋樹和建立它的邏輯十分類似,如圖 12-15 所示,整個架構和圖 12-13 十分類似,要在以 root 為根節點的二元搜尋樹中找出資料 d。它的作法也是將 d 和 root 所存的值相比,相等則傳回 root;否則,若比它大則遞迴呼叫往右子樹找❶,比它小則遞迴呼叫往左子樹找❷,如果要往下找的子樹本身不存在(則代表連結為 NULL),便表示 d 不在此樹中。

　　要在圖 12-14 所建立的二元搜尋樹中尋找 25,如圖 12-16 所示先和樹根做比對,25 < 27,因此往左子樹找❷。25 > 07,再往 07 的右子樹找❶。終於找到了❸。

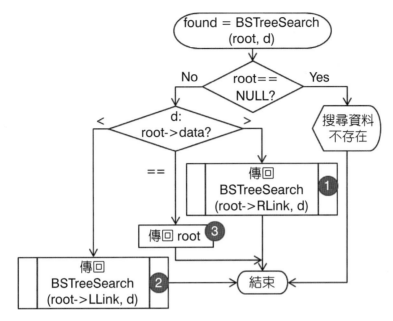

圖 12-15　二元搜尋樹的走訪

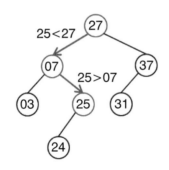

圖 12-16　在二元搜尋樹尋找 25

當輸入的資料本身的次序越亂時，二元搜尋樹的表現越好，搜尋效率可以達到 $O(log_2n)$。最差的效率發生在輸入資料已經排好次序時，此時的效率降為 $O(n)$。圖 12-17 所示的便是輸入資料按 1、2、3、4、5 次序輸入時，所建立的二元搜尋樹，由於其形狀完全傾向於同一邊，

故稱為「傾斜二元樹」。在傾斜二元樹中做搜尋，和在線性連結串列中做搜尋（參考圖 5-8）的效率並無不同，因為此例中的左連結已完全失去其功用。

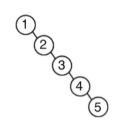

圖 12-17 傾斜二元樹

習題

1. 如何改良本章關於集合運作的演算法？
2. 在課文中我們雖是以最大累堆為例作說明，其實最小累堆也是可以類推而得。輸入下列數字到最小累堆中，試繪出其最後的形狀。

   8 12 6 30 22 24 33 15

3. 在上一題完成的最小累堆中取出一筆資料，該筆資料為何？取出後，最小累堆的形狀為何？
4. 依序輸入如下所示的資料以建立二元搜尋樹，請繪出此樹的最後形狀。

   29 28 41 33 05 03 46

5. 在上題建立的二元搜尋樹中尋找 33 需經過幾次比較？
6. 【改寫自 101 年高考考題】霍夫曼樹（Huffman Tree）是一種編碼方式，可用於資料壓縮的演算法。霍夫曼編碼法基本原理是，先分析原

始符號（如檔案中的一個字母）中各個可能值出現的機率，根據此
項分析建立「不同長度的編碼表」，出現機率高的符號在表中使用較
短的編碼；反之，出現機率低的則使用較長的編碼，再用它對原始符
號進行編碼。此種編碼方式將可以使編碼之後的字串平均長度期望值
降低，從而達到資料無損壓縮的目的。請設計演算法實作霍夫曼編碼
法，並爲「Hello World-Wide-Web!」這段訊息進行編碼。

13

圖形資料結構

	0	1	2	3	4	5	6
0	1	1	1	1	1	1	1
1	1	1	0	0	0	1	1
2	1	*	0	1	0	1	1
3	1	1	1	0	0	0	1
4	1	1	0	0	1	0	1
5	1	1	1	1	1	0	1
6	1	1	1	1	1	1	1

本章討論的對象是圖形，它是一個比樹更具有彈性的資料結構。樹有樹根，二元樹的子樹有左右之嚴格區分，甚至樹的節點間的關係是一種（由上往下）一對多或是（由下往上）多對一的關係。在圖形資料結構中，這些限制都解除了，資料間的關係也變成多對多。

圖形的研究起源相當的早，現在已經發展成一門獨立的學問叫**圖形理論**（Graph Theory）。我們前面介紹過的樹在圖形理論中也占有一席之地，只是其論述的次序恰和此相反，它是一種「特殊化」的圖形。因此，我們可以說，圖形的研究比樹還早，應用的領域也更廣，可以想見的是，它的名詞也會特別的多，也存在許多一義多詞的情形。同樣的，我們不打算集中介紹這些名詞，而是在用到它們時再加以解釋。

介紹圖形的研究，大多會從「七橋問題」談起，這個問題是在1736年由數學家**尤拉**（Euler）所提出：在東普魯士的一個小鎮中，有一條河流從中流過，將鎮上分成兩部分。同時，在河中有二個小島，為了維持河流兩岸以及島上的交通，人們共興建了七座橋如圖 13-1(a) 所示。尤拉的問題是，在這個鎮上，有沒有可能從任何一塊陸地出發，將七座橋全部走一遍而且各只走一遍，然後回到出發點？

去巴黎自助旅行者大概都會有一個經驗：塞納河上有許多橋樑，這些橋樑連通了兩岸以及河中的大小二島，而且各個橋樑都有其特色。旅行者應該選擇由哪一點出發（從哪個地鐵站鑽出來）？行走怎樣的路線，才能走過最多的橋樑而不重複？

另一個類似的問題是，郵局在城市中設了許多的郵筒以方便民眾投郵，到了收件時間，郵務車由郵局開出，它該如何規劃行駛路線，以便能將所有郵筒的信件收齊，而又不走重複的路？這類的問題很多，但我們回到七橋問題上。

分析問題時，我們最先做的是抽象化，也就是將問題中與思考分析不相干的細節用符號化加以簡化。在這邊我們將河兩岸的陸地和小島分別簡化成點來表示，橋樑則表示為這些點間的連線。於是我們的問題變成：是否能從某一點出發，將所有的連線均畫一遍，然後回到原點？圖

13-1(b) 所示的便是問題抽象化所得到的圖形。於是，七橋問題便成爲「一筆畫」的問題。你可以嘗試一下，很容易便會發現七橋問題並沒有解。即使題目放寬成只要走過七座橋梁，不要求要回到出發點，還是無解（習題 1）。

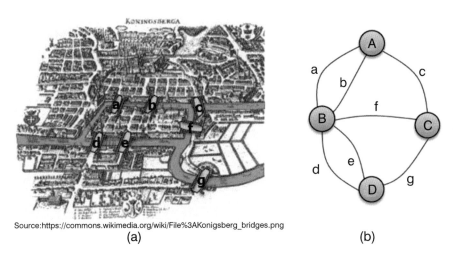

Source:https://commons.wikimedia.org/wiki/File%3AKonigsberg_bridges.png
(a)　　　　　　　　　(b)

圖 13-1　　七橋問題：(a) 原始題目；(b) 圖形表示法

13.1　圖形結構基本概念

　　現在可以回頭來看看圖形正式的定義：圖形由頂點及邊二個有限集合所構成，一般寫爲 G = (V, E)，而圖形 G 的頂點、邊分別以 V(G) 和 E(G) 來表示。

　　圖形的定義和樹的定義中有一項極爲明顯的不同，在樹的定義中，我們僅提到頂點，以及頂點間的關係，而在圖形的定義中，邊是有獨立地位的。換言之，雖然在繪出一棵樹時，除了頂點之外，我們也繪出了邊，實際上這些邊是不存在的，它只是像繪製連結串列時所繪製的連結關係示意圖而已。因此在後面便可以看出，圖形的這些邊本身也可以具

有它自己的性質（或叫參數或屬性）。

在定義或記錄一個圖形時，我們只管有哪些頂點，以及哪一對頂點間有邊存在，至於其位置或是繪出的圖形爲何，我們是完全不予理會的。換言之，我們只注意它們間的「拓樸關係」。圖中 13-2 所示的圖形，均代表同一個圖形。

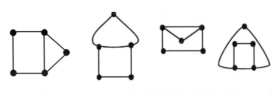

圖 13-2　同一個圖形的不同畫法

一個圖形的邊是由它的頂點所定義，一旦頂點被刪除，連接在它上面的邊也都全部會刪除。當定義一個邊的二頂點次序不重要時，也就是邊不具方向性，此時稱此圖形爲「無向圖形」。接在一個頂點上的邊數稱爲該頂點的「**分支度**」（Degree），而這些邊彼此稱爲「相鄰」邊。例如：圖 13-1(b) 便是個無向圖形，頂點 A 的分支度爲 3。在無向圖形中，由 v1 及 v2 二頂點所定義的邊可以用 (v1, v2) 來代表它。因爲圖形不具方向性，因此 (v1, v2) 與 (v2, v1) 實際指的是同一個邊。有此關係的二頂點稱爲「相鄰」頂點。以圖 13-1（其實這可以視爲一張道路網）爲例子，圖中以頂點代表一個地點，因此 A 頂點和 B 頂點間的連線（邊）便代表由 A 可以到 B，由 B 也可以到 A。

然而，我們知道有些道路的型式並非如此。例如：單向道便是，由 A 通到 B 的單向道是不能由 B 通到 A 的。爲了處理這類具有方向性特質的資訊，我們可以在邊的性質上面加上方向。順著邊的方向才是通的，逆的方向則不行。若要表達雙向均可通行，則須加入另一個逆向的邊。此種圖形稱爲「**有向圖形**」（Directed Graph，簡稱 Digraph）。這表示定義一個邊的二頂點具有一定的先後關係。在有向圖形中，由 v1 及 v2 二頂點所定義的邊一般以 <v1, v2> 來代表它。v1 稱爲這個邊的起

點，v2 則為終點，在圖形繪製時，v1 便是箭號尾端，v2 則為箭首。以一個頂點為起點的邊數稱為該頂點的「出分支度」（Out-degree），而以它為終點的邊數則稱為它的「入分支度」（In-degree）。可見在有向圖形中，<v1, v2> 和 <v2, v1> 完全不同。若無特別指明，本書所談的圖形可以預設其為無向圖形。

　　符合圖形定義的「圖形」可以有很多，我們不可能全部都加以考慮。在本書的範圍內，我們將討論的對象限縮為「簡單圖形」，它的要求是：

1. 二個頂點間只能定義最多一個邊。

2. 定義邊的二個頂點必須不同。

圖 13-3 所示的可以說全部符合前述圖形的定義，但只有圖 (a) 符合「簡單圖形」的定義。七橋問題圖形也不符合簡單圖形的要求。

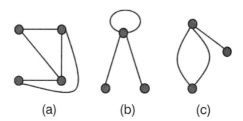

圖 13-3　不同的圖形：(a) 簡單圖形；(b) 自我迴圈；(c) 多重邊

13.2　圖形的表示法

　　雖然圖形的定義看起來有點複雜，其表示法卻是相對簡易得多。常用的表示法有二個：相鄰矩陣以及相鄰串列。

13.2.1　無向圖形表示法

　　先談無向圖形。相鄰矩陣表示法以頂點作為二維矩陣列與行的

索引，若二頂點間有連線存在，則對應的矩陣元素值設為 1，否則便設為 0。

圖 13-4(a) 所示的無向圖形可以用圖 13-4(b) 的相鄰矩陣表示它。在此例中，頂點 1 和頂點 2、4 之間有邊存在，因此 (1, 2)、(1, 4) 這二個元素值為 1。由於無向邊的對稱關係，(2, 1) 和 (4, 1) 元素值也是 1。

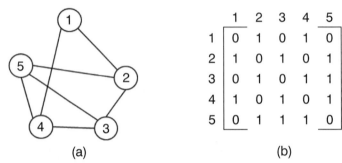

圖 13-4 無向圖形的相鄰矩陣表示法：(a) 一個無向圖形；(b) 相鄰矩陣表示法

由於 (v1, v2) 和 (v2, v1) 相等，可以發現無向圖形的相鄰矩陣以 45 度對角線為軸，右上半部和左下半部完全對應。參照前面關於矩陣的討論，這實在是稀疏矩陣與三角矩陣的案例。然而，依不同演算法對於資料存取的需求不同，大部分情形下可能保持這種「浪費空間」的形式還是方便些。

另一種表示法為相鄰串列表示法，它以邊為主，只有邊存在的頂點組合它才加以記錄。首先用所有的頂點定義一個陣列，這些陣列扮演標頭的角色，每個陣列元素分別記錄一個連結串列的位置，元素 i 所指向的連結串列便是記錄所有和頂點 i 有邊連接關係的頂點。

圖 13-4(a) 所示的無向圖形的相鄰串列表示法如圖 13-5 所示。由於頂點 1 和頂點 2、4 之間有邊存在，因此在 1 的標頭之後便串有 2、4 這二個頂點。也由於無向邊的對稱關係，頂點 1 也會出現在 2 和 4 標頭後面的串列中。

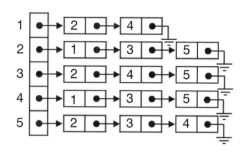

圖 13-5　無向圖形的相鄰串列表示法

13.2.2　有向圖形表示法

前述的表示法也可用在有向圖形中，只是需要定義得更嚴謹些。在這邊的表示法中，相鄰矩陣左方的索引（也就是列的索引）代表邊的出發頂點，而上方的索引（也就是行的索引）則代表邊的終點。同樣的，相鄰串列的標頭元素代表邊的出發點，後面所串的元素則是一個個邊的終點。

圖 13-6 所示的便是有向圖形的表示法。在此有向圖形中，從頂點 1 出發的只有一個邊到頂點 2，因此相鄰矩陣的 (1, 2) 元素值為 1，而相鄰串列在標頭 1 的後方串列也只記錄一個頂點 2。

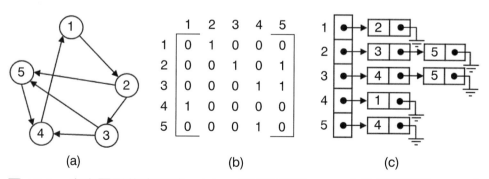

(a)　　　　　　　　(b)　　　　　　　(c)

圖 13-6　有向圖形的表示法：(a) 一個有向圖形；(b) 它的相鄰矩陣；(c) 它的相鄰串列

13.2.3 加權圖形表示法

在一些應用中，頂點間的邊不僅代表二頂點相通而已，有時還需記錄這個相通的「代價」。例如：如果頂點代表地圖上的二個點，邊的存在與否代表此二點間是否有路線可以相通，則這個邊可能需要記錄的是這條路線的長度，以便在作行車路線規劃時可使用。類似於此，如果頂點代表不同的捷運站，邊代表二站間通行的路線，則這個邊可能還需記錄這段運輸的票價以利旅客查詢。此類的例子不勝枚舉。在圖形的表達上，一般將這些數值標示在邊上。

此種在圖形的邊上標示數值的圖形，我們稱之為「加權圖形」，也就是各個邊有它自己的權重。為方便討論起見，這個權重一般以「成本」來稱呼它，也就是它代表由這個邊的起點經過邊而到達其終點時，所必須付出的代價。圖 13-7(a) 所示的便是一個加權有向圖形。

如何表示這種加權圖形呢？前述的方法還是基本可行，只是需要做一點改變：

1. **相鄰矩陣：**前述相通時值為 1，不通時值為 0 的做法，要改成相通時為該邊的成本值，不通時為 ∞（因為不通，所以通行成本為 ∞）。因此，圖 13-7(a) 所示加權有向圖形的相鄰矩陣表示法便如圖 13-7(b) 所示。

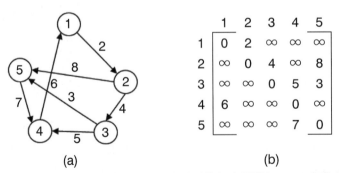

(a) (b)

圖 13-7 加權圖形的表示法：(a) 一個加權有向圖形；(b) 它的相鄰矩陣

2. 相鄰串列： 在代表終點的連結串列中，節點增加一個欄位來記錄該邊的成本。圖 13-8(a) 是節點結構的示意圖，圖形的相鄰串列表示法如圖 13-8(b)。

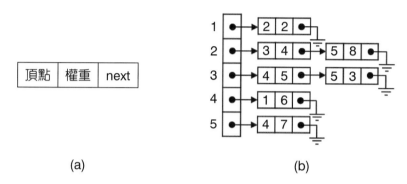

(a)　　　　　　　　　　　　　　　(b)

圖 13-8　加權有向圖形的相鄰串列：(a) 節點的定義；(b) 圖形的相鄰串列

為方便起見，在我們以下的討論中，各項操作的說明大多是以相鄰矩陣為例子。然而，從效率考慮而言，相鄰串列有時可能會是更好的作法（習題 9）。

13.3　圖形的走訪

和其他資料結構一樣，我們需要一個方法來系統性的拜訪圖形中的各個頂點，毫無遺漏，而頂點均保證僅拜訪一次。這些方法其實也是回溯法。這種走訪在圖形中稱之為圖形的走訪。由於圖形各個頂點之間沒有區別，彼此在圖面上繪出的上下左右關係也不具意義，因此和二元樹的走訪有相當大的差異。我們先定義相關的術語。

由一個頂點經過一個邊而到達另一個頂點的動作稱為「走一步」，如此移動形成的「頂點 — 邊 — 頂點 — … — 頂點」序列稱之為「路徑」。一個路徑中所含的邊數量稱為該路徑的「長度」。路徑上兩頂點間邊的數量稱為該二頂點在此路徑上的「距離」。上述的定義其實和樹中對應

的定義似乎並無不同，但在一個圖形中，兩頂點間的路徑可能不只一條，因此所謂的「長度」或「距離」均應指明係根據哪條路徑而定。若未特別指明，則表示係所有可能路徑所求出的最小值。

　　有了前述術語定義之後，我們可以來定義一個圖形的走訪法。圖形的走訪一般分為「深度優先走訪」與「廣度優先走訪」，二者之間主要的差異在於，當你由一個頂點要前往下一個頂點時，發現可用的選擇不只一個，你該優先選擇哪一個？

13.3.1　廣度優先走訪

　　所謂廣度優先走訪，又被稱為「先廣後深」走訪，由指定的頂點出發，先拜訪和頂點相鄰的頂點，完成之後，再接著拜訪和已拜訪過的頂點們相鄰的頂點。一直重複前述動作，直到找到所要的，或是所有頂點都拜訪過為止。這種追蹤法在前進的選項不只一個時，將優先選擇距離出發點較近者。這個準則將會造成與出發點相同距離的頂點會先後被選取，而在短距離的頂點未被全部試過之前，不會嘗試較遠的頂點。這個追蹤法很像水波漣漪，由中心開始，一波波同心圓向外擴散。可以想見這是一個較為保守的走訪方法。然而，它找到頂點以及所經過的路徑，可以保證是該頂點與出發點之間所有可能路徑中距離最短的。

　　請參見圖 13-9 所示的流程圖。假設出發點稱為 v，此演算法將依廣度優先的策略，逐一走訪各個頂點。如圖中所示，實作此走訪策略需要使用佇列來存放途中所遇到的所有可能的「下一步」。

　　首先當然將出發點放入佇列中❶，接著就是重複的流程。由佇列中取出第一個元素 t，拜訪它，然後將它所有相鄰頂點中尚未收集過也未拜訪過的（這些點與出發點的距離將比現在的頂點 t 多 1）全部收集進入佇列中❷，再回去取佇列元素（當然這裡所謂的「全部收集」或是圖中的「依次收集」其實都是必須訂定另一個標準，也就是說，符合收集條件的有好幾個頂點，哪一個該先進入佇列？此問題不屬於圖形追蹤演算法的定義範圍，而是實作者該自行定義，定義不同，得到的走訪

次序便不同。請參閱習題 6 的討論）。如此一直重複執行，直到佇列爲空爲止。

　　由於佇列先進先出的特性，越後面收集的頂點（它們與出發點的距離越遠），將放在佇列的越後端，也因此越晚被拜訪。

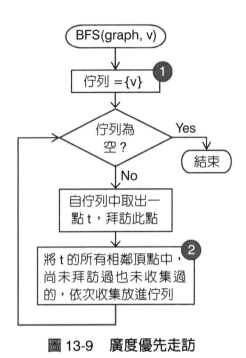

圖 13-9　廣度優先走訪

　　現在以廣度優先走訪法來走訪圖 13-4 的無向圖形，以頂點 1 作爲出發點，並訂定步驟❷中符合條件各頂點的收集以頂點編號爲序。

　　首先將 1 放入佇列❶，接下來開始重複迴圈。取出 1，拜訪它，將它相鄰而未收集過的頂點 2、4 收集進佇列❷。取出 2，拜訪它，將它相鄰而未收集過的頂點 3、5 收集進佇列。取出 4，拜訪它，它相鄰的頂點均已收集過。取出 3，拜訪它，它相鄰的頂點均已收集過。取出 5，拜訪它，它相鄰的頂點均已收集過。佇列已空，走訪完成。圖 13-10 列出了這些走訪的每一步以及佇列的變化情形。

拜訪次序	佇列內容
	1
1	2 4
2	4 3 5
4	3 5
3	5
5	

圖 13-10　廣度優先走訪案例

13.3.2　深度優先走訪

所謂深度優先走訪，又被稱爲「先深後廣」走訪，就是在前進的選項不只一個時，優先用最新鮮者。這個準則比較像是單一重點突破，追根究底，只在碰壁無法進展時，才退後一步審視前一步的另一種可能。《孫子兵法》說，「以正合，以奇勝」，不論是實際世界的研發策略，或是虛擬世界的賽局策略，深度優先走訪往往是一種出奇制勝的策略。

請參見圖 13-11 所示的流程圖。假設出發點稱爲 v，此演算法將依深度優先的策略，逐一走訪各個頂點。如圖中所示，實作此走訪策略需要使用堆疊來存放途中所遇到的所有可能的「下一步」。

首先當然將出發點放入堆疊中❶，接著就是重複的流程。由堆疊中取出第一個元素 t（這是所有收集的「下一步」資料中最新鮮的一個），拜訪它，然後將它所有相鄰頂點中尚未收集過也未拜訪過的全部收集進入堆疊中❷，再回去取堆疊元素（這裡所謂的「收集」請參閱前一小節「廣度優先追訪」中的討論）。如此一直重複執行，直到堆疊爲空爲止。

由於堆疊後進先出的特性，越後面收集的頂點（越新鮮）將放在堆疊的越頂端，也因此將越早被拜訪。

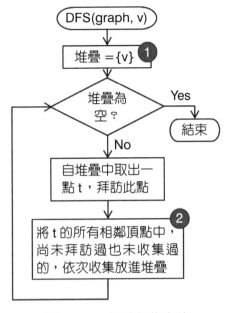

圖 13-11 深度優先走訪

　　現在以深度優先走訪法來走訪圖 13-4 的無向圖形,以頂點 1 作為出發點,並訂定步驟②中符合條件各頂點的收集以頂點編號為序。

拜訪次序	堆疊內容
	1
1	4 2
4	5 3 2
5	3 2
3	2
2	

圖 13-12 深度優先走訪案例

首先將 1 放入堆疊①,接下來開始重複迴圈。取出 1,拜訪它,將

它相鄰而未收集過的頂點 2、4 收集進堆疊。取出 4，拜訪它，將它相鄰而未收集過的頂點 3、5 收集進堆疊。取出 5，拜訪它，它相鄰的頂點均已收集過。取出 3，拜訪它，它相鄰的頂點均已收集過。取出 2，拜訪它，它相鄰的頂點均已收集過。堆疊已空，走訪完成。圖 13-12 列出了這些走訪的每一步以及堆疊的變化情形。

13.4　生成樹

在一張密密麻麻的道路網規劃圖中，如果第一優先是讓圖中所列各頂點均能彼此往來的話，施工單位最該做的便是從規劃的各道路中，挑出那些加起來能連通各點，而各點間僅有一條路線（可能需經過其他的點）存在的道路組合，優先加以完成。如此完成的路網圖便稱為規劃圖的**生成樹**（Spanning Tree，又被譯為**擴張樹**、**擴展樹**）。

在電路設計中，有數個點必須處於相同電位上，如何用最低的代價達成這項工作？這項任務的達成，也是有賴圖形的生成樹。

生成樹的正式定義如下：生成樹是一個圖形的子集合，它涵蓋所有的頂點 V(G)，而且任意二個頂點之間只有一條路徑可以通達。

生成樹具有如下的性質：

1. 它是一棵沒有指定樹根的樹（又稱為自由樹）。

2. 在其中任意二頂點間加入一個邊則會形成迴路。

3. 對於具有 n 個頂點的圖形而言，其生成樹的邊數為 n – 1。

以圖 13-13(a) 所示的圖形為例，圖中的 (b)、(c)、(d) 均是它的生成樹。然而因為這是個加權圖形，因此這幾種不同的生成樹也具有不同的成本。在此例中，圖 (b)、(c)、(d) 這三個生成樹的成本分別為 22、23、26。一般而言，一個圖形的生成樹可以有很多，我們想問的是，如何以最低成本完成一棵生成樹？此問題被稱為：為圖形尋找其「最小成本生成樹」（Minimum Spanning Tree, MST）。一般常見的演算法有二種，接下來將分別介紹它們。

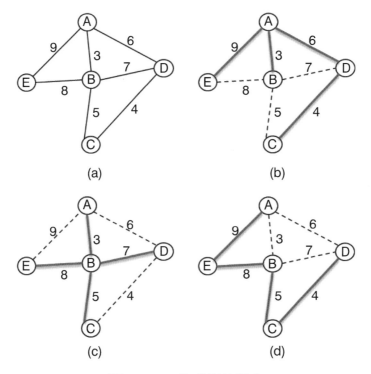

圖 13-13 生成樹的觀念

13.4.1 Prim's 演算法

在本節及下一節的演算法中，變數 MST 將用以代表演算法建構中的最小生成樹。Prim's 演算法的基本構想是，不論你的邊如何選，所有的頂點一定都要加入。既然生成樹要包含所有的頂點，可以先從任何一個頂點開始❶，讓它當個種子，然後這棵樹逐步長大，直到完成生成樹的建構爲止。中間成長的策略是，設計一個集合叫 S 來收集局部解，原先只包含前述的種子頂點，然後以不在 S 中的頂點爲收集目標，逐一擴大 S 的範圍將原圖形中的頂點收集進集合 S 來，直到各個頂點均加入便完成工作。重點是收集頂點的方法：從 S 內所有頂點與外連接的各邊中，挑選一個既不會造成迴路而又成本最小的邊 e ❷，除了將 e

加入建構中的 MST 外，亦將它所連接的頂點加入 S。詳細流程請見圖 13-14。

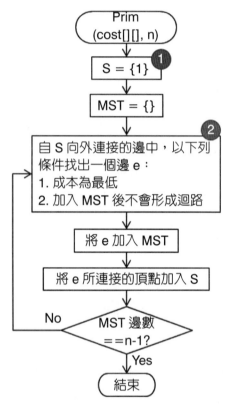

圖 13-14 Prim's 演算法

這裡有一要點沒講清楚的是，如何判定一個邊加入 MST 之後會不會造成迴路？其實這一個條件是多慮了，因為大部分其他書都寫了，所以我也把它寫進來，其實這個條件根本不需要（為什麼？見習題 10）。

運用 Prim's 演算法來為圖 13-13 所示的圖形找最低成本生成樹，過程請參見圖 13-15。首先任意找一個頂點開始，在此我們由頂點 A 開始❶。各圖中，粗線代表評比後加入的邊，虛線則代表在該步驟納入比較，但評比後被放棄加入的邊。和頂點 A 相連的邊有 $\overline{AB}$、$\overline{AD}$、和

$\overline{AE}$，其中 $\overline{AB}$ 的成本 3 為最低，因此將 $\overline{AB}$ 納入 **❷** MST，而 B 頂點收集入 S，得到圖 (a)。接著，和頂點 A 和 B 相連的邊中，$\overline{BC}$ 成本 5 最低，故將 $\overline{BC}$ 納入 MST，將 C 收集入 S，得到圖 (b)。類似方式，納入 $\overline{CD}$，得到圖 (c)。此時剩餘和頂點 A、B、C、D 相連的聯外邊中，只剩 $\overline{AE}$ 和 $\overline{BE}$，納入成本較低的 $\overline{BE}$，得到圖 (d)。此時有個問題是，$\overline{AD}$ 成本 6 不是最低嗎，為何看都不看一眼？因為它的端點 A 和 D 均已在 S 中，因此不會被納入考量。

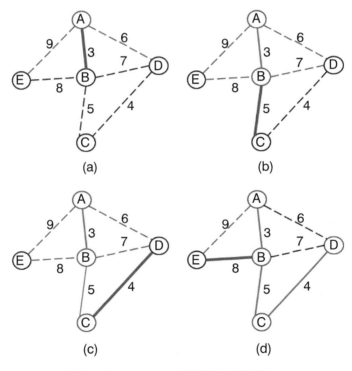

圖 13-15 Prim's 演算法執行例

13.4.2 Kruskal's 演算法

Kruskal's 演算法先將所有的邊依其成本值進行排序**❶**，然後將這些

邊依成本值由小到大爲序加入到建構中的最小成本生成樹 MST 中❷。只要加入的邊 e 會造成迴路，便將該邊放棄而改用下一個邊。一直加到放入的邊數爲頂點數減 1 爲止。詳細的流程圖請見圖 13-16。

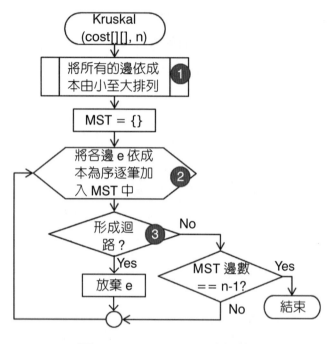

圖 13-16　Kruskal's 演算法

　　本演算法是同時展開數棵小型最小成本生成樹的構建，直到最後整合成一棵完整的樹爲止。還是那個問題，如何判定加入的邊會不會造成迴路？❸在 Prim's 演算法中從頭到尾只有一棵樹，因此這個判斷很容易，只要看看二頂點是否同在 S 中即可。而在本演算法中就比較麻煩，留給習題 11。

　　圖 13-17 所示是 Kruskal's 演算法的操作例，其操作十分簡單，只是將各邊依權重由低至高逐個加入而已。然而，在加入前必須檢查是否會構成迴路，若是，則須放棄改用下一個選擇。如圖 (d) 必須放棄成本較低的 $\overline{\text{AD}}$ 而改用成本較高的 $\overline{\text{BE}}$。

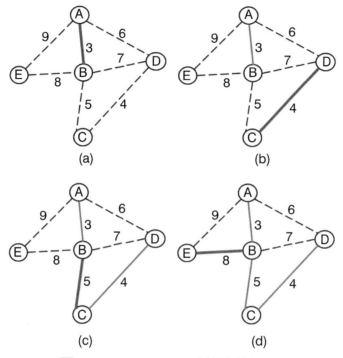

圖 13-17 Kruskal's 演算法執行例

習題

1. 圖 E13-1 所示的諸圖形中,哪些可以用「一筆畫」完成?

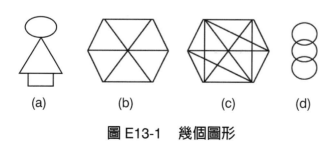

圖 E13-1 幾個圖形

2. 對於一個具有 5 個頂點的簡單圖形而言，其最大可能邊數為多少？

3. 繪出圖 E13-2 所示的圖形之相鄰矩陣及相鄰串列。

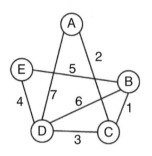

圖 E13-2 一個圖形

4. 已知某個有向圖形之相鄰串列表示法如圖 E13-3 所示，請繪出其圖形。

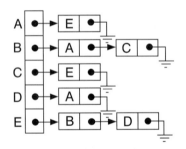

圖 E13-3 一個圖形的相鄰串列表示法

5. 在圖 E13-2 中，假設由 A 點出發，進行廣度優先走訪，請求出各頂點的走訪次序。

6. 承續上題，但改為深度優先走訪。

7. 如何由相鄰矩陣求一個頂點的分支度？相鄰串列呢？

8. 【改寫自 103 年高考考題】分別用 Prim's 及 Kruskal's 演算法求圖 E13-4 所示圖形的最小成本生成樹，並計算其成本。

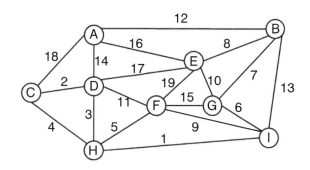

圖 E13-4 求最小生成樹

9. 試比較「相鄰矩陣」與「相鄰串列」這二種圖形表示法。

10. Prim's 演算法（圖 13-14）的步驟❷中，最小生成樹（MST）繼續成長的策略是：「自 S 向外連接的邊中，以下列條件找出一個邊 e：1. 成本爲最低；2. 加入 MST 後不會形成迴路」。試證明其中的條件 2 是多餘的。

11. 在 Kruskal's 演算法的步驟❸中，如何判斷新加入的邊會不會造成迴路？

12. 有時比較不同演算法的細節是滿有啓發性的，請比較二元樹走訪與圖形走訪的演算法，二者間有哪些異同？

14

圖形的應用

	0	1	2	3	4	5	6
0	1	1	1	1	1	1	1
1	1	1	0	0	0	1	1
2	1	*	0	1	0	1	1
3	1	1	1	0	0	0	1
4	1	1	0	0	1	0	1
5	1	1	1	1	1	0	1
6	1	1	1	1	1	1	1

由於圖形的彈性很大,對於表達方式幾乎沒有限制,因此它的應用也特別多,您在很多不同的領域也都可以發現它的蹤跡。本章將僅討論幾項最基本的演算法,這些演算法成了許多應用的骨幹,不論您的領域為何,應該都有幫助。

14.1 尋找最短路徑

如果頂點代表城市,頂點間的邊代表二城市間是否有道路可通,而令其權重代表該道路的里程數,如此形成的圖形便是常見的道路里程圖。試問,如何規畫旅行路線,使得由一城市前往另一城市的里程數可以最低?或者說,如何找出二城市間的最短路徑?

由現今許多導航軟體的功能可以得知,我們在計算二點間的路線時,需要的往往不是最短路徑,而是最短時間。此時,二點間連線(邊)的權重便是該段道路的預估旅行時間。至於所使用的演算法,應該相同。

一件貨物可以由不同的來源取得,而擁有該貨物的人也可能經由加價之後轉賣給不同的人。如果頂點代表商人,則頂點間的連線(邊)便代表該二商人之間是否有交易的管道存在,其權重則代表經由該管道必須加價的金額。試問,若某商人需要某件貨物,他該如何計算向何人進貨可以得到最佳的報價?

前面這三個問題經過抽象化之後,其實都是同一個問題:在一個加權圖形中,如何計算兩頂點間的最低累計權重值?此類應用中,邊的權重一般稱為「成本」,因此,此問題便是計算最低累計成本。然而,習慣上此類問題還是被稱為尋找最短路徑問題。

14.1.1 單點對多點

尋找兩頂點間最短距離的問題可以分成兩大類來探討:

1. 求指定頂點到其他各頂點的最短距離:又稱為單點對多點最短距

離的計算。

2. 圖形中各頂點間的最短距離： 又稱為多點對多點最短距離的計算。

本節將先探討單點對多點的問題。例如：在圖 14-1 所示的加權有向圖形中，如何找到由頂點 A 前往其他各頂點的最低成本路徑？

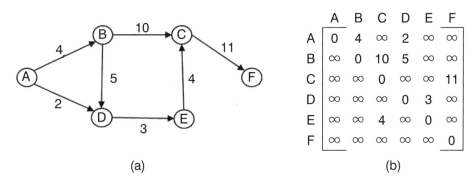

(a)　　　　　　　　　　(b)

圖 14-1　一個加權有向圖形：(a) 圖形；(b) 其相鄰矩陣

這裡所介紹計算此問題的演算法由 Dijkstra 提出，因此叫 Dijkstra's 演算法。在介紹演算法前，我們須先釐清一個觀念：當頂點代表的不是實際的平面或空間位置，或是邊的權重代表的不是實際的長度時，二頂點間的直接連線並不見得是最短距離，當然可能不見得是最佳路徑。

本演算法要求各成本值不可以出現負值，在此前提下，若頂點 A 與直接相鄰諸頂點中 B 的距離為最短的話，你不可能經由繞到別的其他頂點而找到由 A 到 B 的更短路徑。然而對於其他的頂點，你應該盡量嘗試，看看有無可能經由其他的途徑而找到更短的路徑。

以訂閱雜誌為例子，直接向雜誌社訂閱常常拿到的是最差的條件，若向雜誌代理商訂，雖然代理商還要賺一手，訂閱人實際拿到的價錢反而更低。

因此，Dijkstra's 演算法的精神是，如果你找到另一條可以通向目標的路（也就是找到一個中介轉接點），那麼就該檢討那條路會不會比

你目前所知的路徑佳。若答案爲是，便該放棄現有的，而採取新路徑。若你風聞透過某代理人也可買到你要的貨物，那麼就計算一下他的報價（當然是他的進價加上他要的利潤）是否划算。若是，當然改向他進貨。

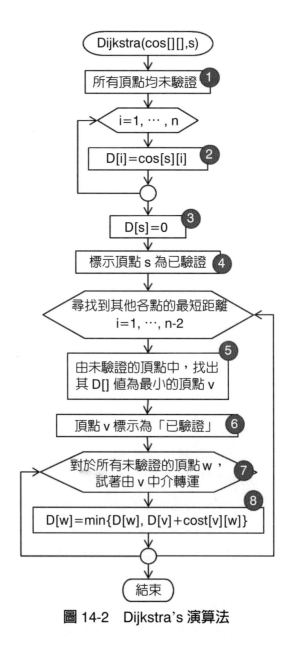

圖 14-2　Dijkstra's 演算法

　　此演算法也是一種回溯法，整個演算法在圖 14-2 中，它以一個陣列 D[] 來記錄各頂點和出發點（演算法中爲 s）之間已知的最短距離。演算法中的 i 只是用以控制迴圈數，也就是從有待驗證的頂點數（n − 1 個）中，找出作爲中介轉接點的個數，沒有其他用途。由於只剩一個頂點待驗證時不須中介轉接，故 i 值的上限爲 n − 1 − 1 = n − 2。演算法最關鍵的部分是式子「D[w] = min{D[w], D[v] + cost[v][w]}」❽，此式代表頂點 v 試圖爲頂點 w 做中介轉接，我們用圖 14-3 來做解釋。

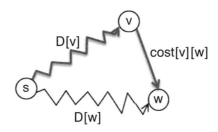

圖 14-3　v 介入 s 和 w 的轉接

　　D[v] 代表頂點 v 和出發點間的最短距離，cost[v][w] 則代表頂點 v 直接連到頂點 w 的這個邊的成本，因此 D[v] + cost[v][w] 便代表經由 v 頂點的中介轉接到 w 頂點的距離。如果 v 幫 w 轉接可以縮短原先頂點 w 和原點的距離，這個值將比 D[w] 小，也就是轉接成功。若否，D[w] 還是維持原值較佳。因此，這整個式子的意義是：若 v 幫 w 轉接出較短的路徑則加以採用（D[v] + cost[v][w]），若否，則維持自有的值（D[w]）。

　　我們將那些已經計算出它和出發點間最短距離的頂點稱爲「已驗證」，因此一開始，所有的頂點都是「未驗證」。❶接著，由出發點開始。此時還沒有任何中介轉接點出現，所有 D[i] 的值便是由頂點 s 到頂點 i 的成本值 cost[s][i] ❷。然後設定出發點到自己的距離爲 0 ❸，完成出發點的「驗證」❹。如果 s 是買家，這表示他對市場現況的所有認知。接著開始出發尋找前往其他各頂點的最短距離。在整個過程中，

尚未驗證完成的頂點均以已知的距離 D[] 陣列值爲鍵值存放於最小累堆中，因此每次要從中找一個來納入驗證並測試中介轉接可能時，均會找到已知距離最近的那一個頂點❺。接著，一次一個頂點的由最小累堆中取出來驗證，將其設爲「已驗證」❻，並測試看看此新取出的點 v 能否幫所有尚未驗證的頂點 w 帶來通往其他點的新路徑❼（也就是讓 v 扮演中介轉接點）。當所有的頂點都驗證過時，解題完成。

以圖 14-1(a) 所示的加權有向圖形爲例，運用 Dijkstra's 演算法計算頂點 A 至其他各頂點的最短距離。紙面上所繪的圖形只是協助人們理解的圖示而已，演算法或電腦程式實際處理的是資料結構裡面所存放的資料。因此我們將圖形轉成相鄰矩陣的表示法如圖 14-1(b)。

首先將由 A 與各點間的成本抄入 D[] 陣列中，這代表由 A 出發可直接抵達的成本❷，然後將 D[A] 值設爲 0 ❸，以及 A 標示爲「已驗證」❹。在以下的圖例中，D[] 的斜體字代表該頂點已驗證。此時 D[] 值如下：

D[A]	D[B]	D[C]	D[D]	D[E]	D[F]
0	4	∞	2	∞	∞

接下來，我們出發尋找抵達其他各點可能的更短路徑。由上表中找出非斜體字（表示該頂點尚未標示爲「已驗證」）的最小值，此處爲 2，屬於 D[D] ❺。 試試由 D 轉運是否會比較短，我們發現先到 D 再到 E（D[D] + cost[D][E] = 2 + 3 = 5）會比直接到 E（D[E] = ∞）的成本低，因此將 D[E] 改爲新值 5 ❽。得到新的 D[] 陣列值如下，圖中的粗體字代表當下考慮的中介轉接點。

i	D[A]	D[B]	D[C]	D[D]	D[E]	D[F]	中介轉接點 v
1	*0*	4	∞	**2**	5	∞	頂點 D：D-E(2 + 3 = 5 < ∞)

將頂點 D 標示為「已驗證」⑥，重複前述動作找到 D[B] 值 4 ⑤，透過 B 轉接，先到 B 再到 C 的成本為 4 + 10 = 14，小於原來的∞，因此加以更新⑧；A 到 B 再到 D 的成本為 4 + 5 = 9，但此值比原值 2 大，故不予採用（實際上，D 頂點已經被標示為「已驗證」，因此此項計算實屬多餘，演算法中已加以濾除，手算則難免多事）。D[] 值更新如下：

i	D[A]	D[B]	D[C]	D[D]	D[E]	D[F]	中介轉接點 v
2	0	4	14	2	5	∞	頂點 B：B-C(4 + 10 = 14 < ∞)，B-D(4 + 5 = 9 > 2)

將頂點 B 標示為「已驗證」⑥，重複前述動作找到 D[E] 值 5 ⑤，透過 E 轉接，先到 E 再到 C 的成本為 5 + 4 = 9，小於原來的 14 ⑧，因此加以更新 D[] 值更新如下：

i	D[A]	D[B]	D[C]	D[D]	D[E]	D[F]	中介轉接點 v
3	0	4	9	2	5	∞	頂點 E：E-C(5 + 4 = 9 < 14)

將頂點 E 標示為「已驗證」⑥，重複前述動作找到 D[C] 值 9 ⑤，透過 C 轉接，先到 C 再到 F 的成本為 9 + 11 = 20，小於原來的∞⑧，因此加以更新 D[] 值更新如下：

i	D[A]	D[B]	D[C]	D[D]	D[E]	D[F]	中介轉接點 v
4	0	4	9	2	5	20	頂點 C：C-F(9 + 11 = 20 < ∞)

i 值已達上限 n − 2，演算結束。完整的運算過程彙整如圖 14-4。

i	D[A]	D[B]	D[C]	D[D]	D[E]	D[F]	中介轉接點 v
1	0	4	∞	2	5	∞	頂點 D：D-E(2 + 3 = 5 < ∞)
2	0	4	14	2	5	∞	頂點 B：B-C(4 + 10 = 14 < ∞)， B-D(4 + 5 = 9 > 2)
3	0	4	9	2	5	∞	頂點 E：E-C(5 + 4 = 9 < 14)
4	0	4	9	2	5	20	頂點 C：C-F(9 + 11 = 20 < ∞)

圖 14-4 　Dijkstra's 演算法執行案例

　　前述過程是演算法的執行追蹤，明確的列出了 Dijkstra's 演算法執行的過程。很不幸的，在實際的教學經驗中，往往同學在聽了一兩個步驟後就失去方向，茫然不知頭緒。因此以下我們另外用圖解方式再說明一次此案例以協助理解。在以下圖 14-5 的圖解中，加有灰影的部分屬於「已驗證」的頂點，各頂點旁的數字則是當時已知該頂點的最短路徑長度，也就是演算法中的 D[]。

　　首先將 A 與各點間的成本抄入 D[] 陣列中，這代表由 A 出發可直接抵達的成本❷，然後 D[A] 值設為 0 ❸，將 A 標為「已驗證」❹，得到圖 14-5(a)。

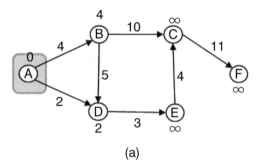

(a)

圖 14-5(a)　Dijkstra's 演算法 —— 決定 A

接下來,我們出發尋找抵達其他各點可能的更短路徑。由已驗證區跨越邊線向外聯繫的邊所指到的頂點中(有 $\overline{AB}$ 及 $\overline{AD}$ 共二個選擇),找出 D[] 值最小者,此處爲 2,屬於 D[D] ➎。將頂點 D 納入已驗證區 ➏,試著找找由 D 出發的邊轉運是否會較短(有 $\overline{DE}$ 一個選擇), 也就是 D[D] 加上邊的成本是否會小於抵達點原先的 D[E] 值。我們發現由 D 指向 E 的成本爲 3,而 2 + 3 = 5 會比 D[E] 原值∞小,因此,將 D[E] 改爲新值 5 ➑。得到新的 D[] 值如圖 14-5(b)。在以下的圖中,虛線代表在 ➎ 過程中被放棄的邊,粗實線則代表被選中的邊,雙線則是步驟 ➑ 中往外轉接成功的一步。

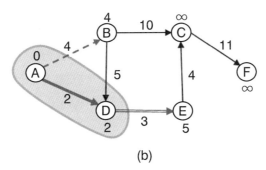

(b)

圖 14-5(b) Dijkstra's 演算法 —— 決定 D

由已驗證區跨越邊線向外聯繫的邊所指到的頂點中(有 $\overline{AB}$ 及 $\overline{DE}$ 共二個選擇), 找出 D[] 值最小者,此處爲 4,屬於 D[B] ➎。將頂點 B 納入已驗證區 ➏,試著找出由 B 出發的邊轉運是否會較短(有 $\overline{BC}$ 一個選擇), 也就是 D[B] 加上邊的成本是否會小於抵達點原先的 D[C] 值。我們發現由 B 指向 C 的成本爲 10,而 4 + 10 = 14 會比 D[C] 原值∞小,因此,將 D[C] 改爲新值 14 ➑。得到新的 D[] 值如圖 14-5(c)。

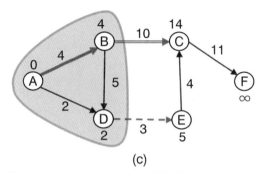

(c)

圖 14-5(c)　Dijkstra's 演算法──決定 B

　　由已驗證區跨越邊線向外聯繫的邊所指到的頂點中（有 $\overline{BC}$ 及 $\overline{DE}$ 共二個選擇），找出 D[] 值最小者，此處為 5，屬於 D[E] ⑤。將頂點 E 納入已驗證區⑥，試著找出 E 出發的邊轉運是否會較短（有 $\overline{EC}$ 一個選擇），也就是 D[E] 加上邊的成本是否會小於抵達點原先的 D[C] 值。我們發現由 E 指向 C 的成本為 4，而 5 + 4 = 9 會比 D[C] 原值 14 小，因此，將 D[C] 改為新值 9 ⑧。得到新的 D[] 值如圖 14-5(d)。

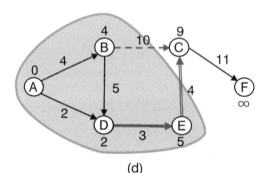

(d)

圖 14-5(d)　Dijkstra's 演算法──決定 E

　　由已驗證區跨越邊線向外聯繫的邊所指到的頂點中（有 $\overline{BC}$ 及 $\overline{EC}$ 共二個選擇）， 找出 D[] 值最小者，此處為 9，屬於 D[C] ⑤。將頂點 C 納入已驗證區⑥，試著找出由 C 出發的邊轉運是否會較短（有 $\overline{CF}$ 一個選擇），也就是 D[C] 加上邊的成本是否會小於抵達點原先的 D[F] 值。我們發現由 C 指向 F 的成本為 11，而 9 + 11 = 20 會比 D[F] 原值∞小，

因此，將 D[F] 改為新值 20 **8**。得到新的 D[] 值如圖 14-5(e)。大功告成。

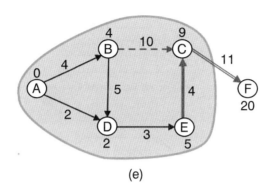

(e)

圖 14-5(e)　Dijkstra's 演算法——決定 C

14.1.2　多點對多點

　　Dijkstra's 演算法可以計算圖形中指定的一個頂點到其他所有頂點的最短距離，但如果希望求出所有頂點和其他各頂點之間的最短距離呢？最直覺的方法當然是將 Dijkstra's 演算法用在每一個頂點上各計算一次。由於 Dijkstra's 演算法的時間效率為 $O(n^2)$，因此這個做法的時間效率為 $O(n^3)$。雖然這個方法可以達到目的，但每個頂點輪流當起點的過程中，所有的計算結果都是獨立的，也就是 A 頂點當起點時所計算出來的一整套數據，到 B 頂點當起點時完全拋棄，重新來過。

　　有沒有可能同時計算各二點間的距離，而非重複的計算每一點？我們可以對 Dijkstra's 演算法作如下修改的思考：

1. 原演算法以一維的 D[] 記錄出發點至各點的距離，改用 D[][] 二維陣列記錄所有點至所有點的距離。

2. D[] 的初值為相鄰矩陣中，出發點那一列，現在以整個相鄰矩陣做為初值。

3. 原先由出發點逐步往外尋找可能縮短距離的中介轉接點，現在則由各點輪流出面當中介轉接點，看看能否幫任何二點縮短它們之

間的距離。

如此得到的演算法稱為 Floyd's 演算法，流程如圖 14-6 所示。

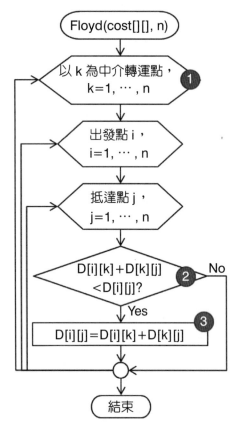

圖 14-6 Floyd's 演算法

這個方法是由 Floyd 所提出，因此稱之為 Floyd's 演算法。這個演算法的特色是讓所有頂點對外的距離都同時開始算，而不會先算出一整套資料再丟掉。邏輯是，各個頂點（k）輪流試著去扮演中介轉接點❶，讓其他任意二個頂點（i 和 j）之間的路徑看看會不會因為自己幫忙做中介轉接而縮短距離。也就是在圖 14-6 的演算法中，當頂點 k 扮演中介轉運點時，任意其他二個頂點 i 和 j 的距離（D[i][j]）會不會比繞道 k（頂點 i 到 k 的距離 D[i][k] 加上頂點 k 到 j 的距離 D[k][j]）還大❷，如果

答案爲是，則繞道較划算❸。

從迴圈結構來分析，本演算法的時間效率仍爲 O(n³)，和 Dijkstra's 演算法連算 n 次的結果相同。但從實際的計算細節來看，還是比它好一些，而且本演算法寫成程式十分的簡短。程式短，出錯的機會自然較少。

使用 Floyd's 演算法於圖 14-7 所示的加權有向圖形時，過程如圖 14-8 所示。此圖形共有四個頂點，因此將由頂點 1、2、3、4 分別扮演中介轉接點❶，試著在圖 14-7(b) 相鄰矩陣中找到更低的代價。在圖 14-8(a) 中，k 值（也就是中介轉接點）爲 1，因此將 1 所對應的橫列（代表由 1 出發至各點 j 的成本 cost[1][j]）和直行（代表由各點 i 進入 1 的成本 cost[i][1]）分別標出（圖中以加上陰影表達）作爲參考軸，矩陣中除了 45° 對稱軸上的格子之外，所有其他的格子都到水平及垂直參考軸上各取得一個值相加，此值即爲透過 1 轉運的成本。例如，(3, 2) 這個位置向左取得 3 代表 cost[3][1]，向上取得 4 代表 cost[1][2]（圖中以虛線箭號表達這二個數值的來源），cost[3][1] + cost[1][2] = 3 + 4 = 7，這表示由 3 至 1 再至 2 的成本爲 7。而 3 至 2 的原值爲∞，7 < ∞，因此轉運較划算❷。圖中的這些格子內有二個以斜線符號隔開的值，前一個爲原值，後一個爲如上所述計算出的轉運值，因此 (3, 2) 這一格的值爲「∞ /7」。轉運較划算的值會加以圈起，在下一回合便將原成本值改用轉運後的成本值❸。

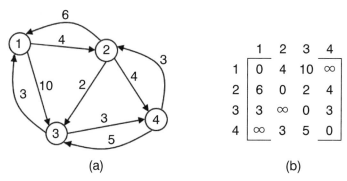

圖 14-7　一個有向圖形：(a) 圖形；(b) 它的相鄰矩陣

圖 14-8(b) 至 (d) 分別代表 k 值為 2、3、4 等情形，找到的中介轉運機會標示於各圖中，矩陣中的粗體字代表新路線更新的距離值。圖 (e) 為最後的結果。

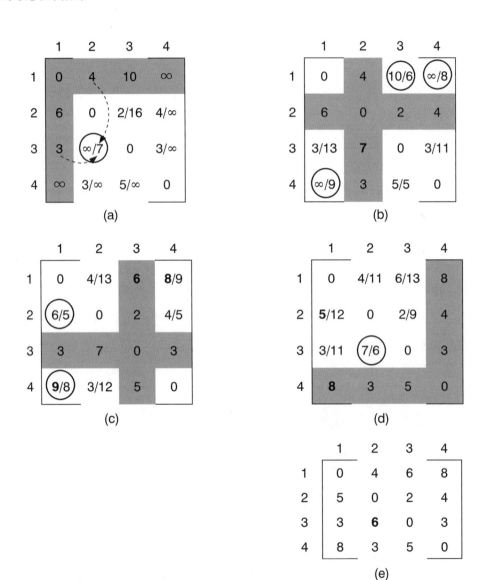

圖 14-8　運用 Floyd's 演算法求圖 14-7 各頂點間的最短距離：(a)k＝1；(b) k＝2；(c)k＝3；(d)k＝4；(e) 最後結果

14.2　作業網路分析

　　加上權值的圖形常被稱爲「網路」，在這個網路指定一個特定的頂點爲起點，另一個頂點爲終點後，可應用在許多的地方。本節將探討在作業研究、專案規劃與管理中廣爲應用的「作業網路」。

　　在計畫或工作的規劃中，較大規模的工作將被細分爲較小的工作項目，這些爲了計畫、工作或是其他目的而必須做，並且可明確判定其是否完成的事項稱爲「作業」（Activity）。作業彼此之間可能有著先後關係，例如：作業 i 必須完成後，作業 j 才能啓動，但也可能可以平行進行。但整體而言，它們的特性是有一個明顯的開始點以及另一個結束點。加權有向圖形可以用來表示這些作業間的關係，而稱之爲「作業網路」。經此抽象化後，便可以用它來進行一些分析處理。

　　在作業網路中，可以使用頂點來代表作業，也可以用邊來代表它，分別稱爲「以頂點爲作業的網路」（Activity on Vertex Network, AOV）及「以邊爲作業的網路」（Activity on Edge Network, AOE）。

14.2.1　以頂點為作業的網路

　　在進行計畫規劃時，我們第一件要關心的是工作項目的規劃是否合理可行。若 A 作業必須在 B 作業之前完成，或是另一種說法，B 作業必須等 A 作業完成之後才能啓動，則稱 A 作業是 B 作業的前置作業，而 B 作業是 A 作業的後續作業。規劃者除了理出各項作業間的先後次序關係外，也要確保這項次序關係不能出現迴圈的狀況。A 等 B、B 等 C、……　繞了一圈之後 Z 又等 A 的情形在作業量龐大、資訊分散、以及資源須共享的時候常會發生，因而造成整個工作停頓。爲了確保此一情形不會發生，作業之規劃必須符合「拓樸排序」要求。所謂拓樸排序的意義是，將所有的作業排成線性序列時，任一作業的前置作業一定排在它的後續作業前方。當我們的資源只能一次處理一項作業時，拓樸排序便很重要，可避免去啓動還不能進行（可能前置條件尚未成熟，因爲

該作業的某些前置作業要求尚未完成）的作業。

　　以頂點為作業的網路常被用來表示不同作業間的先後次序要求。在此類網路中，各頂點代表一個個的作業，而有向邊則代表作業間的先後關係。如果邊 <v1, v2> 存在，則稱作業 v1 是作業 v2 的「立即先行者」，而 v2 是 v1 的「立即後繼者」。若 v1 經過一段路徑可以抵達 v2，則稱 v1 是 v2 的「先行者」，而 v2 是 v1 的「後繼者」。像一般大學設計課程便常用此種網路以呈現各個課程間的邏輯關係，或是先後擋修關係。一項作業如果有數項先行者時，必須這些先行者都已完成，它才能啟動。圖 14-9 是個例子。頂點 v5 所代表的作業必須在 v2、v3、v4 等頂點所代表的作業都完成之後才能開始。

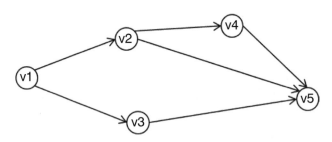

圖 14-9　一個以頂點為作業的網路

　　繪成以頂點為作業的網路後，便很容易用它來進行分析，拓樸排序只是其中一例。對此網路而言，所謂拓樸排序的意義是，為網路所有頂點的資訊求出一個線性序列，如果 vi 是 vj 的先行者，則 vi 的排序一定在 vj 之前方。或者從另一個角度來描述，拓樸排序是讓作業網路的所有節點排成一直線時，所有有向邊之箭頭均往右，無一往左。

　　還有一個類似的例子：令頂點代表關鍵觀念的引入，有向邊代表這些觀念間的相互依賴關係，表示有些觀念必須在相關的基礎均介紹過後才能引入。此時不論是論述也好，或是著書也好，嚴格遵守拓樸排序的要求，便是閱聽人能否理解的重要關鍵。

　　拓樸排序演算法的邏輯很簡單：針對尚未挑出的各個頂點，隨意挑

一個其先行者均已完成或無先行者的頂點加以輸出，一直重複此動作直到全部頂點均已輸出為止。圖 14-10 所示便是此演算法。

　　如果一個作業網路無法完成拓樸排序，表示其中存在著循環相依的問題，是個錯誤的設計。

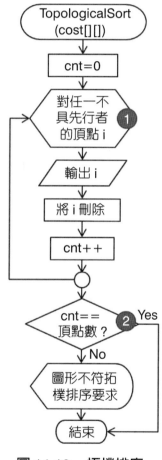

圖 14-10　　拓樸排序

　　以圖 14-9 為例，不具先行者的頂點為頂點 v1，將它輸出並於圖中刪除。此時不具先行者的頂點有頂點 v2 和 v3，可任選一者進行，再繼續重複前述動作。由此圖可以看出，一個網路的拓樸排序結果可能不只

一種。在此例中，共有如圖 14-11 所示的三種。

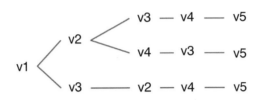

圖 14-11　圖 14-9 的拓樸排序結果

14.2.2　以邊為作業的網路

在專案管理中，我們常會問的幾個問題是：

1. 一旦決定好開工日期，請問這個專案的最快何時可以完工？
2. 如果完工日期已訂定，此專案最遲何時之前必須動工，否則無法在期限前完成？
3. 如果爭取到更多資源，應投入哪些作業才能加快專案完成的時間？

第一個問題由開工日期往後推出完工日期，第二個問題由完工日期回推出開工日期，而第三個問題則是要計算出影響專案完工時間的「瓶頸」所在，以便找出縮短時程的切入點。其實這三個問題環環相扣，第三個問題要綜合前二個問題才能作答，讓我們逐步回答它們。

「瓶頸」，我們一般稱之為「關鍵」較為中性。關鍵作業不會單獨存在，而是會彼此串接，由專案開始的里程碑一直串連至專案結束的里程碑，整條稱為「關鍵路徑」，關鍵路徑決定了專案結束的時間。找出關鍵路徑的計算，便稱為「關鍵路徑分析法」（Critical Path Method, CPM），或譯為「要徑分析法」。 以邊為作業的網路常用於求取一個計畫網路的關鍵路徑。

在以邊為作業的網路中，各個邊代表不同的作業，而頂點則代表「事件」。在諸頂點中，一個特殊的頂點叫「開始點」，代表專案的

啓動；另一個特殊的頂點叫「結束點」，代表整個專案的完成。由於以邊爲作業的網路在專案管理中應用甚多，因此一般也沿用專案管理中的術語將頂點稱爲「里程碑」，因爲它代表某些工作的完成，以及另些工作的開始。以圖 14-12 所示的關係圖爲例，頂點 v 是一個里程碑，當作業 a1 與 a2 均完成時，我們才能宣稱里程碑 v 達成。當作業 a1 和 a2 完成的時間不同時，里程碑的達成時間將由最慢完成的作業來定義。也只有里程碑 v 達成之後，作業 a3、a4、a5 才能開始。也就是說，里程碑的先行作業定義了該里程碑何時達成，而里程碑則定義其後續作業何時可開始（里程碑本身並不占時間，它只有「達成」與「未達成」之別，因此其開始時間即是其完成時間，然而在後續的介紹中，爲了協助觀念的釐清，我們將雜用里程碑的達成、開始、或完成等字眼）。這邊我們必須先定義一個名詞：最早開始時間（Earliest Start Time）。簡單的說，最早開始時間就是：若要盡早完工，一項作業（或里程碑）最快可以何時開始？本節開頭第一個問題其實便是要求結束點的最早開始（達成）時間。

　　因此，前述幾個觀念可以整理成式子，如下：

里程碑 v 的最早達成時間 = max{ 以 v 爲終點的諸作業之最早完成時間 }　　　　　　　　　　　　　　　　　　　　　　(14-1)

作業 a 的最早開始時間 = a 出發點里程碑的最早達成時間　　(14-2)

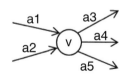

圖 14-12　作業與里程碑

　　所謂關鍵路徑在作業網路圖形中指的便是一條（或以上）由開始頂

點到結束頂點的路徑。若在處於關鍵路徑上的作業增加資源以縮短其時程，整個計畫便有可能提早完成。反之，如果投入資源縮短時程的作業不在關鍵路徑上，這些功夫對於整體計畫的完成期限並不會有任何的助益。以圖 14-13 所示的作業網路為例，它的關鍵路徑有二條，一條由作業 A、C、F 構成，總長度為 7 個時間單位；另一條由作業 B、E 構成，總長度（當然）也是 7。在這個例子中，唯一不在關鍵路徑上的是作業 D。如果將作業 D 的持續時間由 3 縮短為 1，對整體計畫的完成時間並無幫助，因為結束點（頂點 5）的達成時間是由作業 F、D、E 三者中最晚完成者來定義。反之，若將資源投入 E，將其時程縮短為 1，對整體計畫時程仍無幫助，因為現在完成時間仍由另一條關鍵路徑卡住。因此如何找出所有的關鍵路徑，以避免盲目投入資源仍得不到效果，便成了專案管理的重要工作。

　　由於邊可以加上權重，因此作業的某個屬性便可以用權重來加以表達出來。例如：在專案管理中，這個權重常用來代表該項作業所需的時間。圖 14-13 所示的便是一個例子。邊上註明的「A = 3」代表 A 這個作業需要 3 個時間單位來完成。或者說 A 這個作業在此將持續 3 個時間單位。3 稱為 A 的「持續時間」。

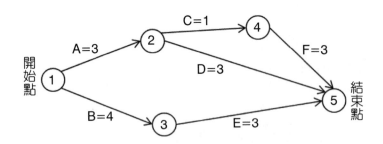

圖 14-13　一個以邊為作業的網路

　　加上持續時間的觀念，我們知道，如果作業完全依表施作沒有拖沓，則

作業 a 的完成時間 ＝ a 的開始時間 ＋ a 的持續時間　　　　　（14-3）

將式（14-3）代入式（14-1），得到

里程碑 v 的最早達成時間 ＝ max { 以 v 為終點的諸作業之
最早開始時間 ＋ 各該作業之持續時間 }　　　　　　　　　（14-4）

由「開始點」開始，利用式（14-2）推出在它之後所有作業的最早開始時間，利用式（14-4）可以推出這些作業之後的所有里程碑之最早達成時間，重複這二個步驟，便可推出「結束點」的最早達成時間，回答了本節開始提出的第一個問題。

接著我們從另一個方向來推導。前面已算出結束點的最早達成時間（也就是整個專案的最早完成時間），經提報後此時間為上級長官核可。請問，最遲何時該動工以免承諾跳票？

還是先定義一個名詞：最晚完成時間（Latest Finish Time）。簡單的說，最晚完成時間就是：若不想延誤已訂定的完工時間，一項作業（或里程碑）最遲在何時之前一定要完成？

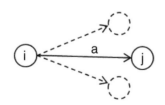

圖 14-14　定義最晚完成時間及最晚開始時間

參考圖 14-14，在此圖中，作業 a 是由里程碑 i 至里程碑 j 的邊（也就是 <i, j>）所定義，如果里程碑 j 已有既定的時程，必須在某個時間點完成，該時間點（也就是里程碑 j 的最晚達成時間）便是作業 a 的最

晚完成時間，超過這個點便會耽擱到里程碑 j 的既定時程。寫成下式：

作業 a 的最晚完成時間＝a 的結束里程碑的最晚達成時間　（14-5）

而我們知道，如果作業完全依表施作沒有拖沓，則：

作業 a 的開始時間＝a 的完成時間－a 的持續時間　　　　（14-6）

a 的最晚開始時間便影響了里程碑 i 的最晚達成時間，而以里程碑 i 為出發點的作業可能不只一個，因此里程碑 i 的最晚達成時間應該由這些作業的最晚開始時間的最小值決定。寫成下式：

里程碑 v 的最晚達成時間＝min{ 以 v 為出發點的諸作業
之最晚開始時間 }　　　　　　　　　　　　　　　　（14-7）

將式（14-6）代入式（14-7）得到

里程碑 v 的最晚達成時間＝min{ 以 v 為出發點的作業之
最晚完成時間－各該作業之持續時間 }　　　　　　（14-8）

　　因此，利用式（14-5）可以由「結束點」里程碑回推出以它為終點的所有事件之最晚完成時間，再利用式（14-8）可以推出這些作業的出發點里程碑之最晚達成時間，重複這二個程序，我們終於可以推出開始點里程碑的最晚達成時間，回答了本節一開始提出的問題 2。

　　在本章剩下的篇幅中，將以 ES[i] 代表里程碑 i 所決定的最早開始時間，LF[i] 代表里程碑 i 所決定的最晚完成時間。判斷一項里程碑是否處於關鍵路徑上的條件是：

里程碑 i 處於關鍵路徑的條件是：ES[i] == LF[i]　　　　　（14-9）

此式子的意義是，該項里程碑所推算出來的最早開始時間，必須和它由另外的程序倒推回來可以拖沓的最晚完成時間相同。換言之，該里程碑必須依照表訂時間完成，不可以有任何的拖延。

圖 14-14 中，里程碑 i 所決定的最早開始時間，到里程碑 j 所決定的最晚完成時間，這一段時間便是配置給作業 a 的時間。亦即：

配置給 <i, j> 邊作業的時間為 LF[j] – ES[i]　　　　　（14-10）

一項作業是否位在關鍵路徑上則可以如此來判斷：

若配置給作業 a 的時間等於 a 的持續時間，則 a 在關鍵路徑上（14-11）

換言之，它沒有任何緩衝時間，能夠啟動時，便須立即啟動執行，且按預定的持續時間完成。

由式（14-10）及式（14-11）可知：

<i, j> 邊作業在關鍵路徑上的條件：LF[j] – ES[i] 等於該
作業的持續時間　　　　　　　　　　　　　　　　　　（14-12）

如此便可以找出關鍵路徑回答本節開頭的問題 3。

看不懂？沒關係，很正常！多看幾次下面演算法的解析及執行案例的追蹤，再回頭來看就容易得多了。開始動手吧！

整個求關鍵路徑的演算法分成三個階段：

1. 階段一：計算各里程碑的最早開始時間 ES。
2. 階段二：計算各里程碑的最晚完成時間 LF。

3.階段三：根據式（14-9）找出關鍵里程碑，再依式（14-12）找出位於關鍵路徑上的作業。

以下便依此次序進行介紹。

1. 階段一：計算最早開始時間

圖 14-15 的演算法用以求各里程碑的最早開始時間。在此演算法中，我們以一個陣列 ES[] 來記錄各個里程碑的最早開始時間。當不考慮工作時，各里程碑的 ES[] 值當然為 0 ❶。接下來將逐步把各項作業加進來，並逐步更新相關里程碑的 ES[] 值。

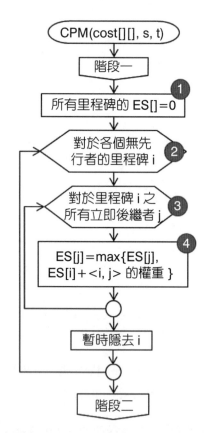

圖 14-15　關鍵路徑分析（階段一）：計算最早開始時間

　　針對各個沒有先行者的里程碑 i（一開始只有「開始點」符合此要求）❷，計算由 i 至其立即後繼者 j ❸的邊 <i, j> 所定義的這項作業之最早完成時間爲「里程碑 i 的達成時間 + 此 <i, j> 邊作業之持續時間」，這個值也就是由里程碑 i 到達里程碑 j 的最早時間。然而里程碑 j 可能還有來自其他里程碑的作業，因此所有這些作業的完成時間必須取最大值才能定義里程碑 j 的最早開始時間❹。因此式（14-4）可以改寫爲：

$$ES[j] = max\{ES[j], ES[i] + <i, j> \text{ 定義的作業之持續時間 }\} \quad (14\text{-}13)$$

　　以圖 14-13 的圖形爲例，各里程碑的最早開始時間可以計算如下。首先，各里程碑的 ES[] 值均爲 0。❶初始值如圖 14-16(a) 所示，ES[] 值標示於里程碑上方之方格中。

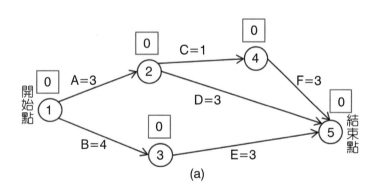

圖 14-16(a)　關鍵路徑分析（階段一）案例：初始值

　　沒有先行者的里程碑只有開始點里程碑 1 ❷，它有二個連結分別連至里程碑 2 和 3 ❸。因此計算❹：

$$ES[2] = max\{ES[2], ES[1] + <1, 2> \text{ 之持續時間 }\} = max\{0, 0 + 3\} = 3$$
$$ES[3] = max\{ES[3], ES[1] + <1, 3> \text{ 之持續時間 }\} = max\{0, 0 + 4\} = 4$$

完成後，暫時隱去里程碑 1，得到數據如圖 14-16(b) 所示。

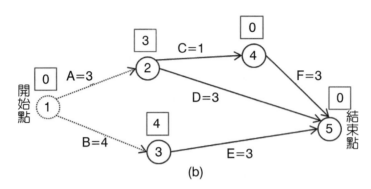

圖 14-16(b)　關鍵路徑分析（階段一）案例：里程碑 1 完成

此時沒有先行者的里程碑有里程碑 2 和 3 ， 哪一個先處理並不重要。在此先處理 2，它有二個連結分別連至里程碑 4 和 5。因此計算：

$$ES[4] = \max\{ES[4], ES[2] + <2, 4> \text{ 之持續時間 }\} = \max\{0, 3 + 1\} = 4$$
$$ES[5] = \max\{ES[5], ES[2] + <2, 5> \text{ 之持續時間 }\} = \max\{0, 3 + 3\} = 6$$

接著處理里程碑 3，它有一個連結連至里程碑 5，因此計算：

$$ES[5] = \max\{ES[5], ES[3] + <3, 5> \text{ 之持續時間 }\} = \max\{6, 4 + 3\} = 7$$

完成後，暫時隱去里程碑 2 和 3，得到數據如圖 14-16(c) 所示。

此時沒有先行者的里程碑只有里程碑 4，它有一個連結連至里程碑 5。因此計算：

$$ES[5] = \max\{ES[5], ES[4] + <4, 5> \text{ 之持續時間 }\} = \max\{7, 4 + 3\} = 7$$

得到數據如圖 14-16(d) 所示。至此所有里程碑的最早開始時間全部計

算完成。

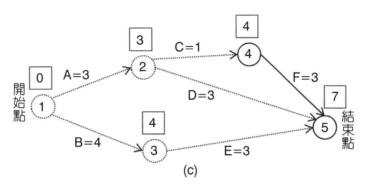

圖 14-16(c)　關鍵路徑分析（階段一）案例：里程碑 2 和 3 完成

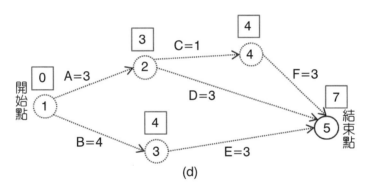

圖 14-16(d)　關鍵路徑分析（階段一）案例：里程碑 4 完成

2. 階段二：計算最晚完成時間

接下來，以圖 14-17 的演算法來求各里程碑的最晚完成時間。在此演算法中，我們以一個陣列 LF[] 來記錄各個里程碑的最晚完成時間。當不考慮工作時，各里程碑的 LF[] 值當然為結束點的最晚完成時間 LF[t] **5**，因為這是整個工作時程的上限，任何作業或里程碑的調整均不可以超過它。接下來將逐步把各項作業加進來，並逐步更新相關里程碑的 LF[] 值。

針對各個沒有後繼者的里程碑 j（一開始只有「結束點」符合此要

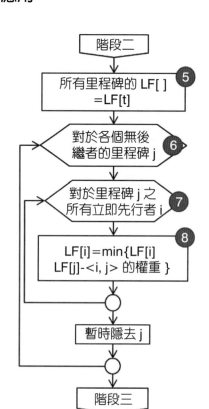

圖 14-17　關鍵路徑分析（階段二）：計算最晚完成時間

求）**6**，計算由其立即先行者 i 至 j **7** 的邊 <i, j> 所定義的作業之最晚開始時間為「里程碑 j 的最晚完成時間 – 此 <i, j> 邊作業之持續時間」，這個值也就是由里程碑 j 逆推回到里程碑 i 的最晚完成時間。然而里程碑 i 可能還有前往其他里程碑的作業，因此所有這些作業的完成時間必須取最小值，才能定義里程碑 i 的最晚完成時間**8**。因此式（14-8）可以改寫為：

$$LF[i] = \min\{LF[i], LF[j] - \text{<i, j> 定義的作業之持續時間}\} \quad (14\text{-}14)$$

以圖 14-13 的圖形為例，各里程碑的最晚完成時間可以計算如下。

首先，各里程碑的 LF[] 值均爲 LF[5]。❺初始值如圖 14-18(a) 所示。
在接下來的圖中，將以三角形記錄各里程碑的最晚完成時間。

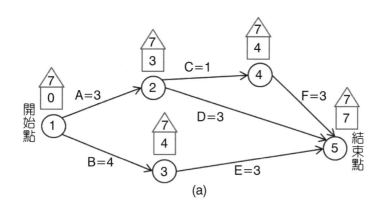

(a)

圖 14-18(a)　關鍵路徑分析（階段二）案例：初始值

　　沒有後繼者的里程碑只有結束點里程碑 5 ❻，它有三個連結分別
來自里程碑 4、2 和 3 ❼。因此計算❽：

$$LF[4] = \min\{LF[4], LF[5] - <4, 5> \text{ 之持續時間}\} = \min\{7, 7 - 3\} = 4$$
$$LF[2] = \min\{LF[2], LF[5] - <2, 5> \text{ 之持續時間}\} = \min\{7, 7 - 3\} = 4$$
$$LF[3] = \min\{LF[3], LF[5] - <3, 5> \text{ 之持續時間}\} = \min\{7, 7 - 3\} = 4$$

完成後，暫時隱去里程碑 5，得到數據如圖 14-18(b) 所示。

　　沒有後繼者的里程碑有里程碑 4 和 3，何者先處理均可，在此先處
理里程碑 4。它有一個連結來自里程碑 2。因此計算：

$$LF[2] = \min\{LF[2], LF[4] - <2, 4> \text{ 之持續時間}\} = \min\{4, 4 - 1\} = 3$$

接著處理里程碑 3，它有一個連結來自里程碑 1。因此計算：

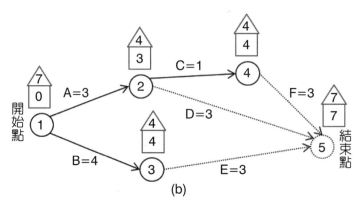

(b)

圖 14-18(b)　關鍵路徑分析（階段二）案例：里程碑 5 完成

$$LF[1] = \min\{LF[1], LF[3] - <1, 3> \text{ 之持續時間 }\} = \min\{7, 4 - 4\} = 0$$

完成後，暫時隱去里程碑 4 和 3，得到數據如圖 14-18(c) 所示。

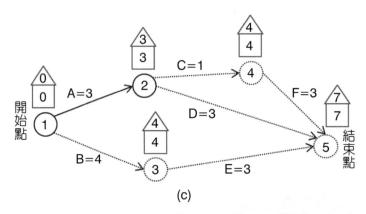

(c)

圖 14-18(c)　關鍵路徑分析（階段二）案例：里程碑 4 和 3 完成

沒有後繼者的里程碑只有里程碑 2，它有一個連結來自里程碑 0。因此計算：

$$LF[0] = \min\{LF[0], LF[2] - <0, 2> \text{ 之持續時間 }\} = \min\{0, 3 - 3\} = 0$$

完成後,暫時隱去里程碑 2,得到數據如圖 14-18(d) 所示。各里程碑的
最晚完成時間計算完成。

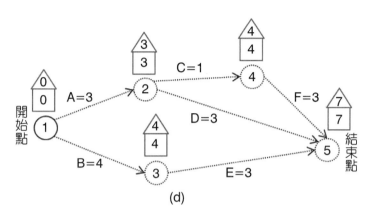

圖 14-18(d)　關鍵路徑分析(階段二)案例:里程碑 2 完成

3. 階段三:找出關鍵作業

現在可以先根據式(14-9)找出關鍵里程碑,再依根據式(14-10)
計算配置給各作業的時間,然後根據式(14-12)判斷位於關鍵路徑上
的作業。請注意,起訖點均屬於關鍵里程碑的作業並不一定就在關鍵路
徑上,這一點常被弄錯。演算法如圖 14-19。

根據圖 14-18 所算出的結果,發現各里程碑均為關鍵里程碑❾。
接下來必須求出關鍵作業才能決定關鍵路徑,相關數據表列如下:

作業	A	B	C	D	E	F
代表的邊 <i, j>	<1,2>	<1,3>	<2,4>	<2,5>	<3,5>	<4,5>
ES[i]	0	0	3	3	4	4
LF[j]	3	4	4	7	7	7
LF[j] – ES[i] ❿	3	4	1	4	3	3
持續時間	3	4	1	3	3	3

由此表可知，位在關鍵路徑上的工作⑪有：A、B、C、E、F。得到
關鍵路徑如圖 14-20。

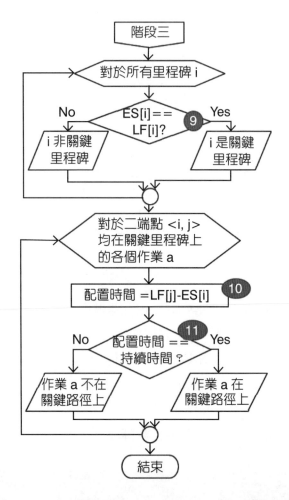

圖 14-19　關鍵路徑分析（階段三）：找出關鍵路徑

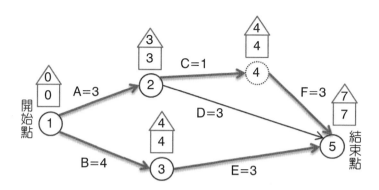

圖 14-20　關鍵路徑分析（階段三）案例

習題

1. 在 Dijkstra's 演算法的介紹中，我們實際僅找出起點和其他各點間的最短距離，並沒有找出最短路徑。請修改該演算法，以便在計算最短距離時同時找出最短路徑。

2. 【改寫自 103 年地方特考考題】有一圖形如圖 E14-1 所示，請以 Dijkstra's 演算法求出由 S 點出發至 T 點的最短距離。

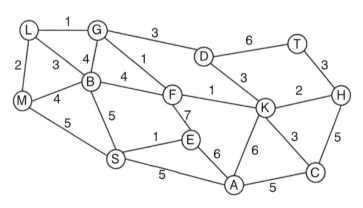

圖 E14-1　一個圖形

3.【改寫自 102 年地方特考考題】求出圖 E14-2 所示的以邊為作業的網路中，A 至 K 的關鍵路徑，並計算其長度。

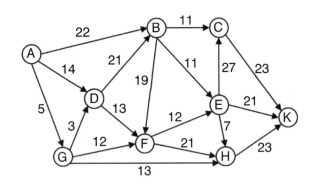

圖 E14-2 一個以邊為作業的網路

4.【改寫自 99 年高考考題】為圖 E14-3 所示的 AOV 網路找出一個拓樸排序圖。

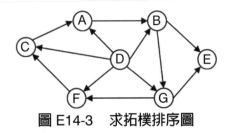

圖 E14-3 求拓樸排序圖

5.【改寫自 Frederick Hiller 名著《*Introduction to Operations Research*》之範例】某生態保護園區預定在園區內建立一套生態監測網如圖 E14-4 所示，其中各頂點為監測設施設置地點，A 點為工作人員工作站，各邊權重為根據地形地貌所估算出來的移動所需時間。為建構此一監測網，有幾件事必須決定：

(1) 由於園區長年日照不足，無法使用太陽能，因此各監測點所需電力均須由工作站以電線提供。為了降低對於園區生態的衝擊，這

個電力網應該越短越好。請問該如何建立此一電力供應網，以確認各監測點均有電力可用？

(2) 監測點必須定時或不定時前往更換記錄媒體或是排除障礙，園區應該提供工作人員一份建議書，條列前往各點的最佳行動路線。請問這份清單應該為何？

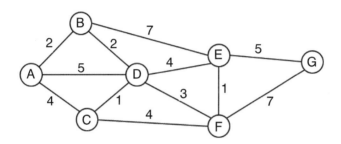

圖 E14-4　某生態保護區生態監測網

15

排序

	0	1	2	3	4	5	6
0	1	1	1	1	1	1	1
1	1	1	0	0	0	1	1
2	1	*	0	1	0	1	1
3	1	1	1	0	0	0	1
4	1	1	0	0	1	0	1
5	1	1	1	1	1	0	1
6	1	1	1	1	1	1	1

本章討論資料的排序方法，基本上並不會介紹新的資料結構，而且其中運用的資料結構也十分有限，而是比較偏向應用。然而在許多軟體設計中，資料的排序與搜尋都是十分重要的工作。Donald Knuth 在他的經典之作《*The Art of Computer Programming*》中提到，當年他在 Stanford 大學教授「資料結構」時，便是以排序與搜尋作為第二學期的主要課題（此課題成為他書中的第三卷）。下面摘錄他在書的序言中認為這二個領域值得探討的原因。

「當我們要研究下列主題時，這二個領域可以扮演很重要的評估架構：

1. 如何找出好的演算法？

2. 現有的演算法或程式如何改良？

3. 如何以數學的方法來評估一個演算法的效率？

4. 一個工作可以用不同的方法達成時，如何以理性的方式選用其中一個？

5. 一般的計算理論如何和實務結合？

6.（其他略）」

確實，排序或搜尋的需求常常隱含在許多不同的演算法中，而語焉不詳的略過。例如：「找出其中最小者」、「依某值的大小次序」這類的字眼便是這種需求的代表。

所謂排序，是將資料依其鍵值（也就是，儘管每一筆資料可能包含許多的數據欄位，我們可以指定其中的一個欄位來作為排序的依據，這個欄位稱為鍵值欄位，其存放的值稱為鍵值。常用的鍵值如學生學籍中的學號、圖書資料中的編目號、個人資料的身分證字號等等）由大至小或是由小至大編排其次序。為了統一起見，在本章的討論中，我們探討的是將輸入資料依鍵值由小至大排序的演算法。

排序演算法可以大分為二類：

1. 內部排序法：資料量可以為主記憶體所承擔，因此我們將所有的

資料全搬進主記憶體中，再進行排序工作。

2. **外部排序法：**當資料量過大，無法全部搬入主記憶體時，我們只好將它們存放在檔案中，再利用中間檔案作爲暫存的技巧將它們排序。

評估比較各種排序法時，除了前面各章所使用的時間及空間效率之外，還需考慮其「穩定性」。如同前面章節的假設，一個資料元素可能包含數個不同的欄位，在此排序根據的只是其中一個鍵值欄位值。然而實務上我們知道，排序工作可能會對數個不同的欄位個別進行，而分別稱爲主鍵值、第二鍵值、第三 ……。例如：在作通訊錄的排序時，主鍵值可能是「姓」，第二鍵值可能是「名」，第三鍵值可能是「公司名稱」…… 等等。因此，任何一次排序處理均可能僅是整個排序工作的一個階段而已。而在本階段鍵值相同的資料，在其他鍵值的階段中可能已經排好次序。因此排序時，鍵值相同的資料能保證仍保持其彼此間原來的次序者，稱之爲「穩定的」排序法，否則便是不穩定的排序法。

備註：在本章所介紹的各種排序法中，均附有一個執行案例的分解動作圖。在這張圖中，斜體字的數值表示該項次已到達它該抵達的位置，或者說，該項次已完成排序。粗體字則是演算法的關鍵部分，請對照該排序法之文字說明。最左方欄位括號內的數字代表每次處理的次序，在文中我們稱之爲「資料組合」。

以下先由內部排序法介紹起，如無特別說明，待排序的資料均已存放於陣列中。

15.1 氣泡排序法

氣泡排序法又稱爲互換排序法，其基本構想是這樣：由左到右掃瞄整串資料，將各個資料和它的隔壁作比較，如果發現哪個左右資料對的

次序不符要求，便將它們互換②。而每完成一趟掃瞄，索引值最高的一筆便是資料中的最大項。換言之，每掃瞄一趟，便會有一筆資料就定位。因此，下一趟掃瞄就可以少做一次資料對次序的比較，在演算法中稱之為掃瞄上限①。整個演算法流程如圖 15-1 所示。

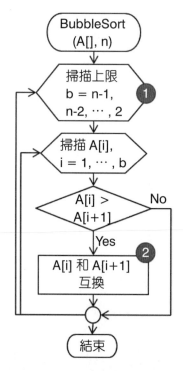

圖 15-1 氣泡排序法

　　以圖 15-2 之排序過程為例：資料筆數為 7，因此首次掃瞄之上限為 6。①由第 1 筆掃瞄至第 6 筆，只要和其下一筆的次序不對，立即交換。②因此，27 和 07 交換、27 換到 A[2] 後又與 25 交換、接著再與 03 交換，一直換到 A[4]，27 才算停下來。同理，37 和 31、再和 24，直到 A[7] 才停止。如此完成一個回合，也完成 A[7] 值的確認，得到資料組合 (2)。

接下來的資料組合 (2)～(6) 均和前述類似，只是掃瞄上限逐步縮小。在這過程中可以看出，在每次掃瞄時，較大的值會逐步的往右移動，若將圖形逆時針旋轉 90 度，便可以看出這些較大的值逐漸向上移動，有如泡泡向上移動一樣，因而得到其名。

	1	2	3	4	5	6	7	交換記錄
(1)	27	07	25	03	37	31	24	27-07, 27-25, 27-03, 37-31, 37-24
(2)	07	25	03	27	31	24	37	25-03, 31-24
(3)	07	03	25	27	24	31	37	07-03, 27-24
(4)	03	07	25	24	27	31	37	25-24
(5)	03	07	24	25	27	31	37	
(6)	03	07	24	25	27	31	37	
(7)	03	07	24	25	27	31	37	

圖 15-2　氣泡排序法執行個案

15.2　選擇排序法

選擇排序法的基本邏輯是先選出最小值，放到第一個位置；再由剩餘的待排序資料中選出最小值（也就是整體而言第二小者），放到第二個位置❶；…… 直到所有的資料都就定位為止。只是我們不希望增加空間的需求，也為了避免做插入動作而引起其他資料需後移的情形，因此，找到第 i 小的值時，我們讓它和第 i 個位置的值互換❷。演算法見圖 15-3。

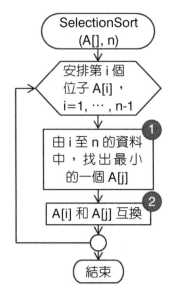

圖 15-3　選擇排序法

以圖 15-4 之排序過程爲例：首先，我們要決定 A[1] 的值，方法是由 A[1] 至 A[7] 中尋找出最小的值，此例爲 A[4] 的值 03。然後將 A[1] 的值和 A[4] 的值互換。如此完成一回合，得到資料組合 (2) 的結果。

	1	2	3	4	5	6	7	交換記錄
(1)	<u>27</u>	07	25	<u>03</u>	37	31	24	27-03
(2)	03	<u>07</u>	25	27	37	31	24	
(3)	03	07	<u>25</u>	27	37	31	<u>24</u>	25-24
(4)	03	07	24	<u>27</u>	37	31	<u>25</u>	27-25
(5)	03	07	24	25	<u>37</u>	31	<u>27</u>	37-27
(6)	03	07	24	25	27	<u>31</u>	37	
(7)	03	07	24	25	27	31	37	

圖 15-4　選擇排序法執行個案

接著要決定 A[2] 的值，也是和前述的動作重複。如此一直重複進行到資料組合 (7) 決定 A[6] 的值，而 A[7] 自動決定為止。

15.3　插入排序法

想想我們玩牌時拿到牌的做法：每拿到一張牌，我們就在手中的牌組中找一個合適的位置將它插入，因此手中的牌組隨時都是依我們設定的規則排好次序的。

插入排序法很類似這個過程：整個串列左半部 1 至 i 為已排序區，i + 1 至 n 為待排序區。由待排序資料中依序拿取第一筆資料 A[i + 1]，然後逐筆由 A[i] 往前比對，已排序區的值若比 A[i + 1] 大則往後挪，直到有位置放入 A[i + 1] 為止❷。演算法見圖 15-5。

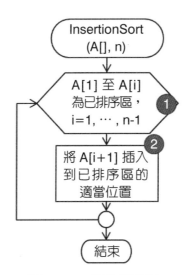

圖 15-5　插入排序法

以圖 15-6 之排序過程為例：首先，位置 1 至 1 當然已排序完成。將 A[2] 的值（07）插入已完成排序區，因為 07 < 27，27 必須往後挪

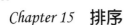

❷，07 放入 A[1]，完成位置 1 至 2 的排序，得到資料組合 (2)。

接著，A[3] 的值（25）再插入到已排序區，……，如此重複至已排序區擴大爲位置 1 至 6 ❶，然後再插入 A[7] 爲止。

	1	2	3	4	5	6	7	搬移記錄
(1)	27	<u>07</u>	25	03	37	31	24	07-27
(2)	07	27	<u>25</u>	03	37	31	24	25-27
(3)	07	25	27	<u>03</u>	37	31	24	07-25-27
(4)	03	07	25	27	<u>37</u>	31	24	
(5)	03	07	25	27	37	<u>31</u>	24	31-37
(6)	03	07	25	27	31	37	<u>24</u>	24-25-27-31-37
(7)	03	07	24	25	27	31	37	

圖 15-6　插入排序法執行個案

15.4 薛耳排序法

在插入排序法中，每次迴圈均在已排序區加入一個新值，而在這個加入動作之前也先引起一連串數字的搬風。可是每次搬風之後，尚未抵達目標位置的數值也僅向目標靠進一步而已。因此當一個數值離它的目標區較遠時，便需要經過多次的搬移。

薛耳演算法針對這一個問題進行改良，它希望讓需要大幅搬動的數值有機會一次搬動好幾個位置。演算法見圖 15-7。其基本觀念是將資料依設定的跨距分組，讓同一組的資料進行插入排序❷。接著，藉由將這個跨距逐步縮小，並重複前述的排序動作，重複到跨距爲 1 爲止。

至於最開始的分組跨距該爲多少，有多種不同的做法，最常見的是取資料筆數之半爲初值❶，而每次縮小爲前值的一半❸。

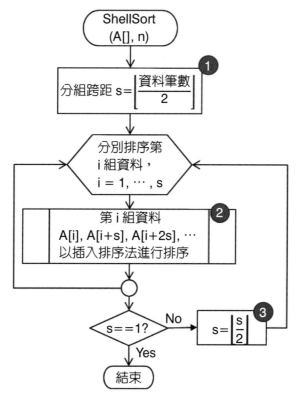

圖 15-7　薛耳排序法

　　以圖 15-8 的執行案例做說明。跨距的初值設為資料總數之半❶，在此例為 3。於是，編號為 1、2、3 的資料均以 3 為跨距向右尋找同組資料。分組的結果為編號 1-4-7、2-5、3-6，也就是資料 (27, 03, 24)、(07, 37)、(25, 31) ❷。這三組分別進行插入排序得到資料組合 (2)。之後，再將跨距減半，此次為 1 ❸。當跨距為 1 時，此時便是純粹的插入排序法，但在前面的大跨距回合中，已將距離目標位置較遠的資料拉較近其目標，因此在此回合需要調整的已經相當有限。

	1	2	3	4	5	6	7	插入排序分組
(1)	27	07	25	03	37	31	24	(27, 03, 24), (07, 37), (25, 31)
(2)	03	07	25	24	37	31	27	全部
(3)	*03*	*07*	*24*	*25*	*27*	*31*	*37*	

圖 15-8　薛耳排序法執行個案

15.5　累堆排序法

記得累堆的特性：每次從最小累堆取出來的值都是當時累堆中所有值的最小者，而從最大累堆取出來的值則是當時累堆中所有值的最大者。利用這個特性，我們只要將資料全部存入最小累堆中，然後再將它們逐筆取出來便可以完成排序作業。這是累堆排序法的基本邏輯。

然而在實作上有一些考量，稍微複雜些。最主要的問題來自於累堆：它會占用空間。先讓我們觀察一下累堆的特性和操作。

1. 累堆是個齊整二元樹，若採陣列表示法，當它具有 i 個元素時，便占用陣列開頭的 i 個位置（索引值 0 的元素不計）。
2. 在已有 i 個元素的累堆中加入一個元素時，我們是先將它放入陣列的的 i + 1 的位置，再進行累堆的調整。
3. 由具有 i 個元素的累堆中取出資料後，我們是將第 i 個元素先搬到第 1 個位置去，再進行累堆的調整。

由這些特性可以看出，累堆所需的空間恰可和其餘未進入累堆資料所占用的空間形成互補，而且累堆增減資料所需增減的空間，亦恰是未進入堆疊的資料與累堆相鄰的第一個元素空間。

因此，圖 15-9 演算法利用最大累堆將資料由大至小排列，再藉由由後往前填的做法以完成資料由小至大的排序工作。前半週期將資料逐

筆加入具有 i 個元素的累堆的做法❶：

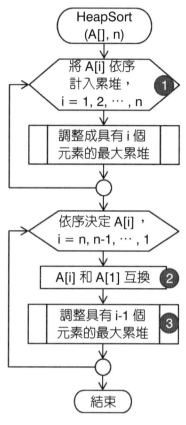

圖 15-9　累堆排序法

- 將 A[i+1]「計入」累堆範圍，再進行累堆調整。

　　而後半週期自具有 i 個元素的累堆中取出一個元素的作法：

- 將 A[1] 和 A[i] 互換，累堆元素個數縮為 i－1，再進行累堆調整。
  將 A[1] 搬走即是由累堆取出資料，位置 1 是最大累堆中資料的
  最大值，故往後搬；而自具有 i 個元素的最大累堆中取出的資料
  即是整批資料由小至大排序的第 i 位（因為累堆中還有 i－1 筆
  資料比它小），因此搬進 A[i] 即表示它的排序完成。而將原 A[i]
  搬入 A[1] 即是將累堆最末一個位置的資料搬到樹根，該位置在

累堆減掉一個元素後也該釋出，故二者恰可互換②，再進行累堆調整③。

以圖 15-10 之排序過程為例：在此圖中，粗體的資料表示存放於最大累堆的部分。首先，將 A[1]（值為 27）計入最大累堆，得到資料組合 (2)。接著，將 A[2]（值 07）計入最大累堆，因為 27 > 07，因此累堆不必調整，得到資料組合 (3)。……這個步驟一直重複至資料組合 (5)。接著，將 A[5]（值 37）計入最大累堆，因為 37 > 07，因此 37 和 07 互換；接著 37 > 27，因此 37 又和 27 互換，完成最大累堆的調整。如此，重複「計入 — 調整」，直到資料組合 (8) 完成最大累堆的建構為止。①

	1	2	3	4	5	6	7	交換記錄
(1)	27	07	25	03	37	31	24	
(2)	**27**	07	25	03	37	31	24	
(3)	**27**	**07**	25	03	37	31	24	
(4)	**27**	**07**	**25**	03	37	31	24	
(5)	**27**	**07**	**25**	**03**	37	31	24	
(6)	**37**	**27**	**25**	**03**	**07**	31	24	07-37, 27-37
(7)	**37**	**27**	**31**	**03**	**07**	**25**	24	25-31
(8)	**37**	**27**	**31**	**03**	**07**	**25**	**24**	
(9)	**31**	**27**	**25**	**03**	**07**	**24**	37	24-31, 24-25
(10)	**27**	**24**	**25**	**03**	**07**	31	37	24-27
(11)	**25**	**24**	**07**	**03**	27	31	37	07-25
(12)	**24**	**03**	**07**	25	27	31	37	03-24
(13)	**07**	**03**	24	25	27	31	37	
(14)	**03**	07	24	25	27	31	37	
(15)	03	07	24	25	27	31	37	

圖 15-10　累堆排序法執行個案

接著，逐步自最大累堆中取出資料，並放到資料的尾端去❷。A[1]（值為 37）是最大累堆的樹根，加以取出和 A[7]（值為 24）互換。然而 24 < 31，因此 24 和 31 互換；緊接著，又因 24 < 25，因此 24 和 25 互換完成最大累堆的調整❸，得到資料組合 (9)。如此重複「互換 — 調整」，直到全部取出為止。

15.6　快速排序法

選擇排序法是單向的由小至大逐筆依序完成資料的定位，而快速排序法則是先完成中間元素的定位，再往兩邊進行剩餘資料的排序。演算法見圖 15-11。由於快速排序法會將一個資料串列進行分割，再於各分割出來的串列進行遞迴式的處理，因此它的演算法中必須將待排序資料的起訖索引值傳入，在圖 15-11 中分別稱為 low 及 high（最開始為全範圍，二者分別為 1 和 n）。

其方法如下，先挑出待排序資料的任一筆作為基準值（一般是取第一筆 A[low]），只要將比它小的值往左邊靠形成一區，比它大的值往右靠形成另一區，則這二區的中間點便是這個基準值所該放的位置，它的排序工作完成。接著，針對剛剛形成的兩區再分別實施前述的處理，每處理一次便有一筆資料就定位。這個處理程序將重複至切割出來的分區內只含一筆資料為止。

剩下的問題是，如何將比基準值小的資料往低索引值方向靠，而比它大的資料往高索引值方向靠？做法是，用一個指標 i 由低位置 low 往高位置 high 尋找比基準值高的值❶，而用另一個指標 j 由高位置 high 往低位置 low 尋找比基準值低的值❷。如果二者都找到了，而且 i 和 j 沒有擦身而過（j > i），表示找到的這兩筆值次序不對，因此加以互換❸，然後 i 和 j 繼續它們的任務。

i 和 j 的任務一直持續到它們之間有一個已經到邊了卻未達成任務，或是二者雖然都完成任務，可是彼此卻已擦身而過（i > j）為止。此時

比 i 低的位置都是比基準值小的值，而比 j 高位置的值都是比基準值大的值，因此將基準值和 A[j] 互換，完成基準值的定位❹。

　　接著，以基準值定位後的位置爲區分點，分成下半段❺和上半段❻，個別進行和前述一樣的排序工作。

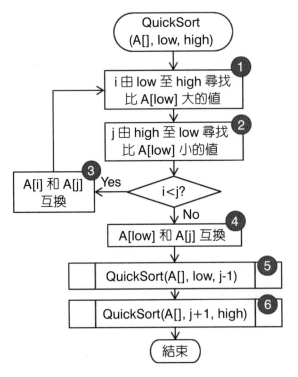

圖 15-11　快速排序法

　　以圖 15-11 之排序過程爲例：在本圖中，粗體字代表每次叫用時排序的基準，也就是排序資料區間的最低位置。在本例中，初次叫用的排序區間爲 1 至 7，基準值爲 A[1]（值爲 27）。i 由 1 往 7 找，找到 A[5]（值爲 37）比 27 大❶；j 由 7 往 1 找，找到 A[7]（值爲 24）比 27 小❷；5＜7，因此 A[5] 和 A[7] 值互換❸，得到資料組合 (2)。i 繼續往上找，找到 A[6]（值爲 31）比 27 大；j 繼續往下找，找到 A[5]（值爲 24）比

27 小；因為 6 > 5，因此 A[5] 和 A[1] 值互換❹。得到資料組合 (3)。

　　此時 A[5]（值為 27）已排序完成，再進一步遞迴呼叫 QuickSort 來分別針對它所切割的上下串列進行排序。較低的串列為 1 至 4 ❺，較高的串列為 6 至 7 ❻。重複前述的動作，直到切割出來的串列僅含一個元素（如資料組合 (7)）或是代表串列的索引值不合理（如資料組合 (6)）為止。

	1	2	3	4	5	6	7	分割與掃瞄記錄
(1)	**27**	07	25	03	37	31	24	low = 1, high = 7, i = 5, j = 7, i < j
(2)	**27**	07	25	03	24	31	37	i = 6, j = 5, i > j
(3)	**24**	07	25	03	27	**31**	37	low = 1, high = 4, i = 3, j = 4, i < j
(4)								low = 6, high = 7, i = 7, j = 6, i > j
(5)								i = 4, j = 3, i > j
(6)	**24**	07	03	25	27	31	37	low = 6, high = 5, low > high
(7)								low = 7, high = 7, low == high
(8)	**03**	07	24	25	27	31	37	low = 1, high = 2, i = 2, j = 1, i > j
(9)								low = 4, high = 4, low == high
(10)	03	07	24	25	27	31	37	low = 1, high = -1, low > high
(11)								low = 2, high = 2, low == high

圖 15-12　快速排序法執行個案

15.7　合併排序法

　　玩過拼圖的人都知道，要將一幅複雜的拼圖完成，必須能同時開很多戰場。也就是說，不能只守著一片拼好的局部拼圖，而是要到各片碎片上找機會，只要有機會將二片碎片拼在一起，那就將它們拼在一起。整個拼拼圖的過程便是將各個半成品試圖拼在一起，沒有哪一個是重點核心。

合併排序法也可以如此理解：先將待排序資料切成一小塊一小塊，直到很容易排序爲止；然後將這些排好序的小塊依排序的要求逐步合併，重複合併的動作，直到全部的資料合併在一起爲止。本節所介紹的做法中，最小的區段便是僅含一筆資料，合併時則是將相鄰的區段兩兩各自合併。

　　參考圖 15-13，合併排序法主要靠 2 個變數驅動：變數 s 代表每次合併的區段大小，初值爲 1，然後逐步加倍，直到其值超過 n（n 爲資料筆數）爲止❶；變數 i 則代表每次合併時，第一個區段第一筆資料的位置，可推知該區段的最後一筆資料爲 A[i + s −1]；第二個區段的第一個位置在 A[i + s]，最後一個位置在 A[i + 2s − 1] ❸。每完成二區段之合

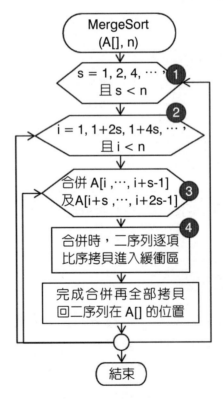

圖 15-13　合併排序法

併，i 值便增加 2s 以跳過剛合併完成的二區段。i 值也是增加至超過 n 為止❷。

　　真正的排序工作發生在二個串列合併時，要各用一個指標循著串列由頭往後逐一掃瞄，彼此比較哪一個串列的值較低，則由該值先填入緩衝區❹。然而有一個邊際狀況細節未在此圖中展現的是，欲進行合併的二區段之上下限索引值並不一定合法。若是區段上限超過 n，則改成以 n 為上限；若下限超過 n（可能發生在第二區段），則將該區段略過，直接將第一區段抄過去即可。若合併完成，再將緩衝區的值拷貝到 A[] 中剛剛合併的兩個串列所占的位置去。這兩個串列空間相鄰，因此可以合併成較大的串列。

　　以圖 15-14 之排序過程為例：資料筆數 n 為 7，s 的可能值 1、2、4。s 為 1 時，i 的可能值為 1、3、5、7。邊際狀況發生在 i = 7 時，此時第一區段上限 i + s − 1 = 7 + 1 − 1 = 7 沒問題，但第二區段下限 i + s = 7 + 1 = 8 已超過 n 值，故直接將第一區段抄到下一個回合。

　　我們以資料組合 (2) 的合併來說明串列合併過程❹：左 (07 27) 和右 (03 25) 合併時，「左 07：右 03」得到 03 先輸出，右補上 25；「左 07：右 25」得到 07 接著輸出，左補上 27；「左 27：右 25」得到 25 接著輸出；最後剩下 27 不必比直接輸出；最後的輸出次序為 (03 07 25 27)。在圖 15-14 的執行個案中，我們省略了緩衝區的運作，而將值直接寫在 A[] 位置上。

	1	2	3	4	5	6	7
(1)	27	07	25	03	37	31	24
(2)	07 27		03 25		31 37		24
(3)	03 07 25 27				24 31 37		
(4)	03 07 24 25 27 31 37						

圖 15-14　合併排序法執行個案

15.8　基數排序法

　　基數排序法可以用郵件的投遞來做比喻（以下的敘述只是理想化的描述，與臺灣現今運作之系統無關）。以三位數的郵遞區號而言，它將全國劃分成 1000 區，分別編號 000 至 999。投遞的郵件可來自這 1000個區的任何一個，其目的地也可能是這 1000 個區中的任一個，因此，郵件旅行的要求便有 $1000 \times 1000 = 10^6 = 100$ 萬種可能。

　　我們可以用分級分等的方法來解決前述的問題。首先，將全國分成數個區，各區各涵蓋數個縣市。各區中各成立一個區域郵件處理中心，該區所涵蓋的縣市所收進來的郵件全部送到這裡來處理。區域郵件處理中心的工作是，將這些郵件依它上面收件人的郵遞區號的百位數，分別投到編號為 0 到 9 的籃子去。接著，將各籃子內的郵件裝袋，分別送往郵遞區號百位數所代表的縣市郵局去。各縣市郵局收到各區域中心送來的郵包，再將這些郵件依十位數分別投到編號 0 到 9 的籃子去。接著將各籃郵件打包送往郵遞區號前二位數所代表的分局去。同樣的，這邊再依郵遞區號最右一位數往下分，直到郵差只拿到他負責投遞區的郵件為止。

　　由前面的描述可知，這種排序法是由高位數開始，將資料依 0 到 9分成數組。各組再下降一位數做同樣的處理。當分組的依據是最低位數時，如果資料的鍵值不重複的話，一組中最多便只剩一筆資料。接著再依相反的次序組合起來即可。

　　前述的演算法是由高位數先處理，另有一種做法是由低位數先處理。其處理步驟是先依最低位數將資料分組，然後將各組合併。接著上升一個位數，再做同樣的分組、合併。重複這些程序，直到最高位數處理完時，資料便排序完成。本節所介紹的實作便是採用此法。

　　所謂**基數**（Radix）是一個計數系統需要進位時的數值，也是該系統中單一位數所能表達的上限值 +1。 例如：我們常用的 10 進位系統中，任一位數只要累積到 10 便須進位，而且任一個位置的數字只能使

用 0, 1, ……, 9。圖 15-15 是本排序法的流程圖，其中 r 代表數值的基數，d 代表待排序資料位數的最大值。

這裡有一個運算稍微複雜些，因此先提出獨立說明：如何提出一個數字的最右一位數、第二位數、……。

提出一個數值個位數字的方法我們在第 2 章已經談過：把它除以 10 取餘數，也就是 10 的模數。推而廣之，要取任意基數 r 所表達的數值之最右一位數字的方法，便是將該數值做 r 的模數計算。

要提出 10 進位數字的十位數呢？最簡單的方法是先除以 10 取商數（也就是將除的結果取整數），再依前述方法取個位數。推而廣之，要取出任意基數 r 所表達的數值中，由右算起第二位數字的方法，便是先將它除以 r 取商數，再將該商數做 r 的模數計算。

往上越多位，前述的運算所需除的數便越大。例如：取百位數要先除以 100，取千位數要先除以 1000。換言之，要取由右算起的第 b 位數要先除以 10^{b-1}。推而廣之，要取任意基數 r 所表達的數值之由右數起第 b 位數字的方法，便是先將它除以 r^{b-1} 取商數，再將該商數做 r 的模數計算。圖 15-15 中的變數 q 便是如此得到的數值❶，其中變數 bb 用以累算 r 的次方值。此公式整理如下：

$$\text{基數 r 所表達的數值 x 之由右數起第 b 位數字} = \left\lfloor \frac{x}{r^{b-1}} \right\rfloor \bmod r \quad (15\text{-}1)$$

本排序法便是先依最右一位數 q 作為索引，將數值加入佇列 Q[q] 中。之後將所有佇列由 Q[0] 至 Q[r – 1] 依序將值全部取出放回 A[ ] 的空間❷，完成一個回合。

接著再以由右算起第二位數、第三位數、…… 為依據，進行同上所述的處理，直到參數 d 所指定的位數處理完為止❸。

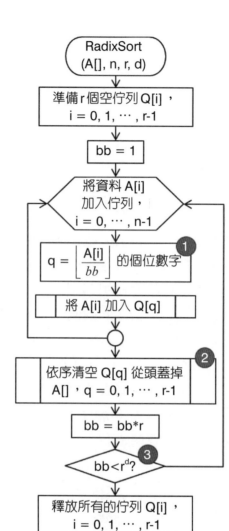

圖 15-15 基數排序法

　　以圖 15-16 之排序過程爲例：在此圖所示的執行個案中，爲節省篇幅，左半部是根據個位數執行的過程與結果，右半部則根據十位數。首先依序由左至右讀入資料，同時根據其個位數加入對應的佇列中。❶例如：27 加入 Q[7]、07 加入 Q[7]、25 加入 Q[5]、⋯⋯等等。完成後，

依序由 Q[0]、 Q[1]、⋯⋯、Q[9] 取出資料，填入緩衝區中（表格左下方之資料組合）。②

依序讀取前一次得到的資料組合（表格左下方之資料組合），重複前述處理，只是此次放入佇列中的依據為其十位數。因此 31 加入 Q[3]、03 加入 Q[0]、⋯⋯ 等等。

由於這批資料最大為二位數，因此處理至十位數已經足夠。③ 得到最後排序結果在表格右下方之資料組合。

1	2	3	4	5	6	7
27	07	25	03	37	31	24
①	Q[0]					
	Q[1]	31				
	Q[2]					
根據個位數	Q[3]	03				
	Q[4]	24				
	Q[5]	25				
	Q[6]					
	Q[7]	27	07	37		
	Q[8]					
②	Q[9]					
31	03	24	25	27	07	37

1	2	3	4	5	6	7
31	03	24	25	27	07	37
①	Q[0]	03	07			
	Q[1]					
	Q[2]	24	25	27		
根據十位數	Q[3]	31	37			
	Q[4]					
	Q[5]					
	Q[6]					
	Q[7]					
	Q[8]					
②	Q[9]					
03	07	24	25	27	31	37

圖 15-16　基數排序法執行個案

15.9　外部排序法

上述排序法中的合併演算法可以用在外部排序中。基本上的邏輯並無不同，只是在外部排序法中使用的是循序存取的檔案，因此只能逐筆

讀出或是逐筆寫入，不能在隨機不同的位置進行讀寫。

以下我們直接用例子來說明這個排序法的運作。

首先，資料的分段是各個資料自成一個區段（圖中以底線標出各區段的範圍），將檔案中的資料分拷成二個區段數一樣（或差 1 個區段）的檔案，如圖 15-17(a)。接著分割出來的二個檔案開始逐區段的合併寫入原來的檔案中，得到的結果如圖 15-17(b)。 二區段的合併也是採用逐筆資料比對決定寫入次序的方式，因此每次合併便完成一個區段的排序，而其結果都將使區段的長度加倍。重複前述分割、合併的運算（由圖 (a) 一直到 (f)），將使最後的區段數成為 1（圖 15-17(f)），排序工作也就完成了。

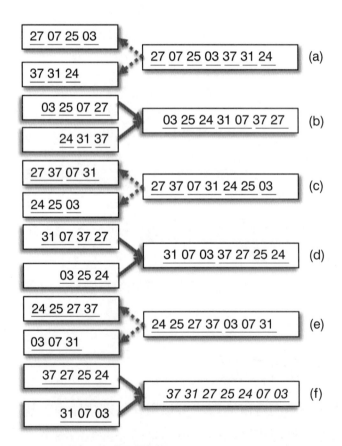

圖 15-17 外部排序法執行個案 (a)(c)(e) 分割；(b)(d)(f) 合併

習題

1. 分析本章所介紹的排序法之最佳、平均、最差的時間效率，並請說明最佳及最差的效率出現在何種狀況下。

2. 請以本章所介紹的各種排序法，將下列資料串列由大至小排列：

20 14 34 09 18 28

3. 如何利用二元搜尋樹進行排序工作？

16

搜尋

	0	1	2	3	4	5	6
0	1	1	1	1	1	1	1
1	1	1	0	0	0	1	1
2	1	*	0	1	0	1	1
3	1	1	1	0	0	0	1
4	1	1	0	0	1	0	1
5	1	1	1	1	1	0	1
6	1	1	1	1	1	1	1

簡單的說，搜尋就是在一堆資料中尋找指定的資料。前面各章在介紹各種資料結構時，大概也都會談到該類資料結構搜尋的作法。因此本章中所探討的資料搜尋對象，並未存放在任何的資料結構中，而是單純的資料串列。

在以下的介紹中你可以發現，搜尋的資料串列本身是否已完成排序會有很大的影響。試想，在一份有 5 萬個人名的榜單中，如果沒有依照身分證字號或准考證號碼先排序過，你要如何查閱自己是否上榜？另一個問題是，排序的資料固然有利搜尋，可是排序工作本身便需要花時間，整體而言，是否划算需一併納入考量。搜尋工作也可以分成內部搜尋及外部搜尋，本章僅著重在內部搜尋。

16.1　循序搜尋法

當我們對於資料的排列情形一無所悉、資料本身未依任何次序排列、或是資料據以排序的準則對我們而言完全派不上用場時，想要在一堆資料中找出特定的一筆，唯一的辦法便是由第一筆開始逐筆往下找。此法稱爲**循序搜尋法**（Sequential Search），或叫**線性搜尋法**（Linear Search）。當然運氣好時第一筆就找到，運氣不好時，可能全部搜尋過一遍才發現根本不存在。演算法見圖 16-1，其中 k 是搜尋的目標。

以圖 16-2 之搜尋過程爲例：我們要在資料串列中搜尋 37。由第一筆資料開始比，27 失敗，換下一筆；07 失敗，再換下一筆；❶ ⋯⋯直到比到 37，任務達成。

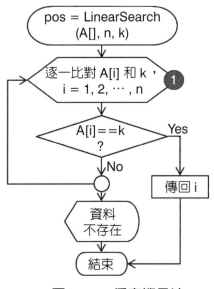

圖 16-1　循序搜尋法

1	2	3	4	5	6	7	失敗記錄
27	07	25	03	37	31	24	27, 07, 25, 03

圖 16-2　循序搜尋法執行個案

16.2　二分搜尋法

　　在資料的處理中，加入對於資料的理解是有幫助的，至少在我們進行猜猜看時不至於太離譜。如果搜尋的資料本身已經排序過，我們便可以猜猜看搜尋目標可能的位置。參見圖 16-3 之演算法。最簡單的猜法是由中間位置開始找起❶，如果該位置的值不是所求，至少全部資料已分成二個區段，一個比目標大，一個比目標小。我們可以經由該值與目標值比對，而決定接下來往哪半邊繼續找。如果每次都能由搜尋範圍的中間找起的話，此方法將可以把待搜尋的範圍逐次減半，因而達到

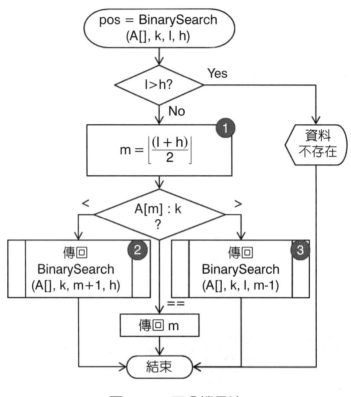

圖 16-3　二分搜尋法

$O(\log_2 n)$ 的效率。

　　本演算法必須設定搜尋的範圍（參數 l 和 h），初值為 1 與 n，往下則由上一次的 m 值來決定。

　　以圖 16-4 之搜尋過程為例：我們要在資料串列中搜尋 27。首次呼叫的搜尋區間為 1 至 7，其中間值為 4。❶ A[4] 的值為 25（資料組合 (1)），小於搜尋目標 27，因此往上半部搜尋。❷ 再次呼叫的區間為 5 至 7，中間值為 6。A[6] 為 31，而 31 > 27（資料組合 (2)），因此往低的一半搜尋。❸ 再次呼叫，區間為 5 至 5，中間值為 5，A[5] 為 27（資料組合 (3)），任務達成。

	1	2	3	4	5	6	7	搜尋過程
(1)	03	07	24	**25**	27	31	37	l = 1, h = 7, m = 4, A[4] < 27
(2)	03	07	24	25	27	**31**	37	l = 5, h = 7, m = 6, A[6] > 27
(3)	03	07	24	25	**27**	31	37	l = 5, h = 5, m = 5, A[5] == 27

圖 16-4　二分搜尋法執行個案

16.3　內插搜尋法

　　如果我們對於資料的值有更多的了解，那麼猜的空間便可以更精準。例如：填志願時，如果主辦單位有公布分數級距的累計人數，對於考生填志願將有很大的幫助，因為這些資訊可以協助估算自己的落點。查英漢字典時，我們也不會盲目從中間開始找起，而是會利用書頁開口上所標的開首字母分區（買到一本新字典，若書商未印上這些區間標記，一般我們都會自行標上）來決定由哪一頁開始找起。這些例子表示，如果知道整套資料的最大值和最小值的話，便可以依待搜尋資料值在這個範圍進行線性內插，而猜猜看這個值在整套資料中的大略位置。

　　線性內插的觀念可以用圖 16-5 來說明它。圖中 l 和 h 是搜尋範圍的索引值上下限，因此 A[l] 和 A[h] 便是這套資料值的上下限。k 為待搜尋值，目標是算出 k 的索引值 g（代表 guess）。由於線性關係，可知

$$\frac{\overline{lg}\,長}{\overline{lh}\,長} = \frac{\overline{A[l]k}\,長}{\overline{A[l]A[h]}\,長}$$

亦即，

$$\frac{g-1}{h-1} = \frac{k - A[l]}{A[h] - A[l]}$$

因此，

$$g = 1 + \frac{k - A[l]}{A[h] - A[l]} \times (h - 1) \qquad (16\text{-}1)$$

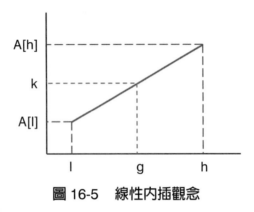

圖 16-5　線性內插觀念

　　圖 16-6 的演算法便是利用式（16-1）來估計待搜尋值 k 在 l 與 h 間的位置。除了預估點改用此公式外，其餘的均與二分搜尋法相同。由式（16-1）的推算基礎可知，當資料的分布越符合線性分布（也就是越均勻）時，此式的估算將越準，搜尋效率也越高。

　　以圖 16-7 之搜尋過程為例：我們要在資料串列中搜尋 27。首次呼叫的搜尋區間為 1 至 7，其中間值為 $g = \left\lfloor 1 + \frac{27 - 3}{37 - 3} * (7 - 1) \right\rfloor = 5$。❶ A[5] 的值即為 27，一步即達成任務。

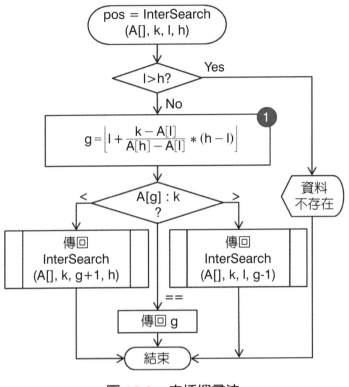

圖 16-6　內插搜尋法

1	2	3	4	5	6	7	搜尋過程
03	07	24	25	**27**	31	37	l = 1, h = 7, g = 5, A[5] == 27

圖 16-7　內插搜尋法執行個案

習題

1. 比較分析本章所介紹的各搜尋法以及二元搜尋樹等之時間效率。

2. 分別以本章所介紹的搜尋法於下列數列中找出 9：

1 2 3 4 5 6 7 8 9 100

3. 如果資料搜尋是你所寫的程式之一部分，也就是資料是在你的掌握中，循序搜尋法是否有可以提升效率的地方？

4. 圖 16-7 搜尋 27 時僅需一個步驟，請測試其他的資料，看看如此高的效率是不是僅爲個案。

習題參考解答

我們不設計那種回去找找課文抄抄就可以的習題，也不提供換換數據或圖形又是一題的重複操作型練習，因此每一題都有它的價值。基本上，本書習題都是章節本文的延伸，請先針對題目思考自己的解法，然後再詳細閱讀此處參考解答的說明。若有不同的見解或解法，歡迎和作者分享。

Chapter 1

1. (a) 標出迴圈重複範圍如下：

```
k = 0;
for (i = 0; i < n; i++)
    for (j = 0; j < n; j++)
        k++;
```

由此範圍可知執行最多次的指令 k++; 夾在二重迴圈之中，而二迴圈均各執行 n 次，故時間複雜度為 $O(n^2)$，k 值為 n^2。

(b) 類似於 (a)，但內層迴圈執行的次數和外圈的值有關，試著列出其值以觀察出規則：

i 值	j 值	k++ 執行次數
0	0	0
1	0	1
2	0, 1	2
3	0, 1, 2	3
⋮	⋮	⋮
n − 1	0, 1, 2, ⋯, n − 2	n − 1

由此表可知，i 由 0 增至 n − 1 時，最內層 k++; 指令執行次數（也就是 k 的值）為

習題參考解答

$0 + 1 + 2 + \cdots + (n-1) = n(n-1)/2$，
複雜度還是 $O(n^2)$。

2. 兩個式子中，關鍵因子為 2^n，故其效率為 $O(2^n)$。

3. 由 Σ 之連加符號可知，最外層有一個 n 次的迴圈。比較麻煩的是 i^n，除非有特殊的硬體支援，否則在程式內部「次方」其實是由一個連乘的迴圈來完成，因此，大 O 為 $O(n^2)$。加上程式設計技巧，可將 n 拆成數個 2 的次方值之和，而各個 2 的次方值則可用位元移位來快速完成。例如：$i^7 = i^4 * i^2 * i^1$，而 i^4 和 i^2 均只需一個位元移位指令即可完成。此技巧可以讓整體大 O 變成 $O(n\log_2 n)$。若有可在固定時間內完成次方運算的硬體支援，則大 O 為 $O(n)$。

4. 演算法如圖 A1-1 所示。

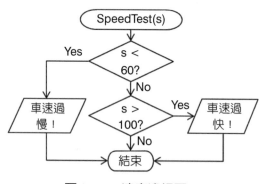

圖 A1-1　速度違規否？

5. 由式（1-1）可知，當資料數超過某一個量時，$n\log_2 n > n$。在此式二方同時乘上 n，因為它為正值，因此不影響大小之比較，因此得到：$n^2\log_2 n > n^2$。同理，$n > \log_2 n$，雙方同時乘上 n^2，得到 $n^3 > n^2\log_2 n$。由上述二結果可知，$n^2\log_2 n$ 的位置在 n^3 和 n^2 之間。

Chapter 2

1. 在圖 2-1 演算法的步驟 **2** 中，我們找到問題解即結束演算，只要將此處改成「輸出解答，再回到迴圈讀取下一個可能情境」**1**，此演算法將持續尋找下一個解。當然 **3** 中的「宣告無解」也必須改成「所有解已找出」了。

2. 非遞迴版本的階乘 n! 定義為 $n \times (n-1) \times (n-2) \times \cdots \times 2 \times 1$，直接寫成演算法如圖 A2-1 所示。由演算法的迴圈分析可知，其時間效率為 $O(n)$，和遞迴版本相同。由於它不需要副程式呼叫，空間效率則為 $O(1)$，因此實質效率優於遞迴版本。

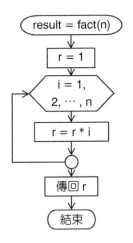

圖 A2-1　非遞迴版的階乘

3. 計算一個費伯納西數列的值需要其前二位的數值，因此我們必須由其開頭一直往下推。非遞迴版的費伯納西數列演算法如圖 A2-2 所示。由演算法的迴圈分析可以得知，此演算法的時間效率為 $O(n)$，而空間需求只有幾個變數，因此為 $O(1)$。可見此版本優於遞迴版本。

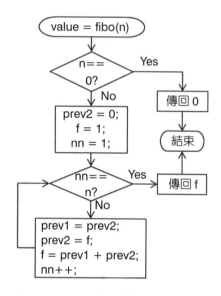

圖 A2-2　非遞迴版費伯納西數列

4. 我們設計如圖 A2-3 所示的方式來展現兔子的繁殖。在此圖中，橫軸代表以月為刻畫的時間軸（這裡僅畫了幾個月），圖中的每一個圓點代表一對兔子的存在。空心的圓代表新生的兔子，實心的圓則代表生理成熟的兔子。由每月兔子數量的統計可以看出，這是一個費伯納西數列。仔細觀察這些數據，你還可以發現一些有趣的規則。

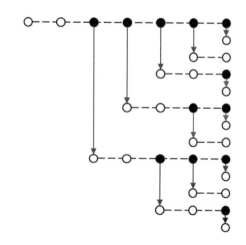

總數	1	1	2	3	5	8	13
○	1	1	1	2	3	5	8
●	0	0	1	1	2	3	5

圖 A2-3　費伯納西的兔子繁殖分析

5. 設計遞迴演算法的工作有二：

(1) 終端條件：當二個輾轉相除的數目中有一者為 0 時，另一者即為所求；

(2) 自我叫用：由分析計算方法可以得知，主要的步驟為二數中較大者除以較小者取餘數（模數計算），這個餘數再和原先較小的數進行輾轉相除。

因此演算法設計如圖 A2-4 所示。若要求輸入的數值要 a 大於 b，則開頭的測試「a < b?」也可省略。

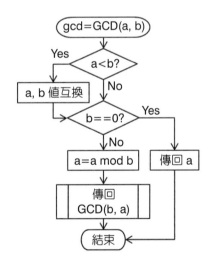

圖 A2-4　求最大公約數遞迴解法

6. 13 + 21 = 34，因此密碼為 112358132134。

Chapter 3

1. 本陣列有 30 個元素，每個元素占用 2 個位元組，故共占用 30 * 2 = 60 個位元組。

a[25] 的位址 = 1200 + (25 − 12) * 2 = 1226。

2. 在 i 列之前，有 i − row_{low} 個完整列，每一列有 col_{high} − col_{low} + 1 這麼多元素，故共有 (i − row_{low}) * (col_{high} − col_{low} + 1) 個元素。

在 j 列之前，有 j − col_{low} 這麼多個元素。

前述二者相加，k − base = (i − row_{low})*(col_{high} − col_{low} + 1) + j − col_{low}，因此，

k = base + (i − row_{low})*(col_{high} − col_{low} + 1) + j − col_{low}

3. 事實上，推導式（3-3）以計算 b[i1][j1] 和 b[i2][j2] 間的距離時，可先利用式（3-5）先將二點均先轉為一維的位址：

k1 = i1 * C + j1
k2 = i2 * C + j2

再由一維位址求距離即可：

k2 − k1 = (i2 − i1) * C + j2 − j1

4. 由於行與列是對稱的，而在二存放方式中，座標系統並未改變，因此，以行為主的存放方式可將式（3-5）直接做對應轉換即可：

k = j * R + i

Chapter 4

1. 這是個左下半部的三角矩陣，矩陣右上半部及對角線均為 0。因此，已知為 0 的元素個數有：

n（對角線部分）+ n(n − 1)/2（右上三角形區域）= n(n + 1)/2。

2. 假設採「列為主」之儲存策略。參考圖 A4-1，

▨部分有 0 + 1 + 2 + ⋯ (i − 2) = $\dfrac{(i-1)(i-2)}{2}$ 個元素；

▩部分有 j − 1 個元素；

因此，

$$k = \frac{(i-1)(i-2)}{2} + j$$

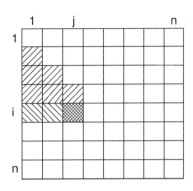

圖 A4-1　下三角形矩陣轉一維

3. 先決定乘積矩陣的維度為 3 * 3。

$$C = \begin{bmatrix} 1*1+4*4 & 1*2+4*5 & 1*3+4*6 \\ 2*1+5*4 & 2*2+5*5 & 2*3+5*6 \\ 3*1+6*4 & 3*2+6*5 & 3*3+6*6 \end{bmatrix} = \begin{bmatrix} 17 & 22 & 27 \\ 22 & 29 & 36 \\ 27 & 36 & 45 \end{bmatrix} 。$$

4. 角度值除以 10 取整數作為索引值，對應於文中所敘述近似值陣列所取用的角度之關係表列如下：

角度值 θ	[0, 10)	[10, 20)	[20, 30)	...	[350, 360)
$\lfloor \frac{\theta}{10} \rfloor$	0	1	2	...	35
近似值表	5°	15°	25°	...	355°

可見這個設計是取一段空間的中間點作為近似值。這個設計有個明顯的缺點是我們常用的幾個明確值都不見了，例如：0°、90°、180°、360° 等等，而這些有許多是轉折點不可輕易略過。改進這個問題的一個方案是，近似值表的內容記錄 0°、10°、20°、…、350° 的 sin() 值，而對應的空間則改為這些

角度的上下 5°。但這又衍生一個問題：0° 減 5° 的值必須特別處理，這邊就不再細述。

課文中的方案還有一個問題沒考慮到的是角度的正負值。sin() 比較容易解決，因為 $\sin(-\theta) = -\sin(\theta)$，因此只要將角度先取絕對值、查表、再乘以角度的正負號即可。

5. 演算法如圖 A4-2 所示。

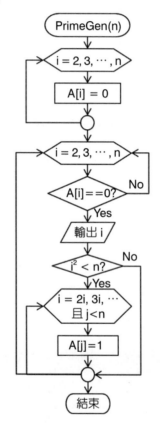

圖 A4-2　埃拉托斯特尼篩法

6. 魔術方陣演算法如圖 A4-3 所示，其中矩陣列與行的編號均為 0 至 $n-1$。

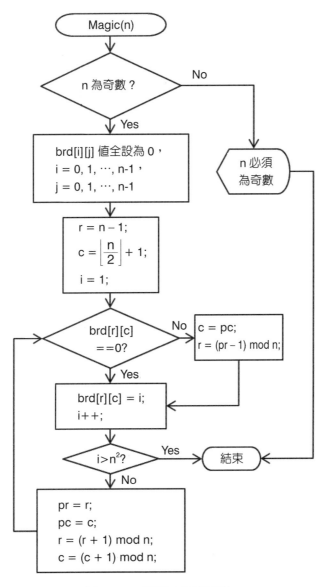

圖 A4-3 魔術方陣演算法

7. 生命遊戲中各個細胞有八個鄰居,因此必須採取類似圖 8-6 在場區外圍一圈
   厚度為一個元素空地的模式,但是在圖 8-6 中,圍出來的是圍牆,因此值設

為 1。在此圍出來的應該是空地,因此值設為 0。觀念類似,但須依需求決定圍牆扮演的角色。

此外,為了方便找出八個鄰居的座標,必須仿效圖 4-5 的做法,依方向變數 dir 之值訂好 dr[] 及 dc[]。根據圖 A4-4 的設計,dr[]、dc[] 和方向變數 dir 的關係整理如下:

$$dr[0] = 0; dr[1] = -1; dr[2] = -1; dr[3] = -1;$$
$$dr[4] = 0; dr[5] = 1; dr[6] = 1; dr[7] = 1;$$
$$dc[0] = 1; dc[1] = 1; dc[2] = 0; dc[3] = -1;$$ (A4-1)
$$dc[4] = -1; dc[5] = -1; dc[6] = 0; dc[7] = 1;$$

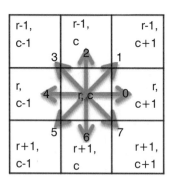

圖 A4-4　八個鄰居的座標

流程圖如圖 A4-5 所示。

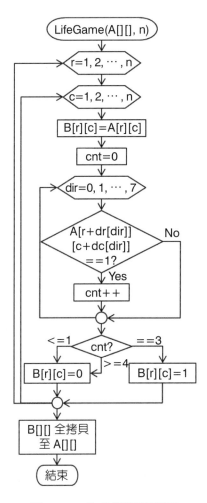

圖 A4-5　生命遊戲流程圖

Chapter 5

1. 不論是單向連結或是雙向連結，回答此問題的方法都是從頭到尾數一遍。圖 A5-1 所示的便是此演算法，其效率為 O(n)。如果在串列中加有標頭節點，可以將標頭節點中空置的 data 欄位拿來存放此資料，回答此問題時，其效率便是 O(1)。為了達到此目的，課文中的演算法須作如下修改：

(1) 新創連結串列時，串列中只有一個標頭節點，此時須將標頭節點的 data 欄

習題參考解答

位設為 0，否則它將會是個亂數；

(2) 新增（或插入）節點時，標頭節點的 data 欄位值必須增加 1；

(3) 刪除節點時，標頭節點的 data 欄位值必須減少 1。

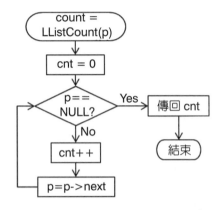

圖 A5-1　計算連結串列中的節點數

2. 演算法如圖 A5-2。p1 的功用是代替 p 遊走串列節點，讓 p 可以不改變。

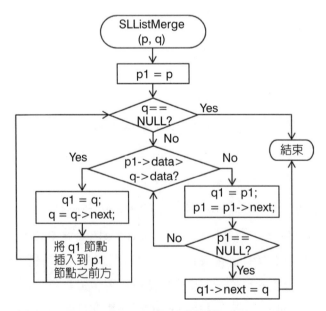

圖 A5-2　合併二有序串列

3. 演算法如圖 A5-3，其中 head 指向當時要調整其 next 欄位的節點，nxt 保持領
先 head 一步，而 prev 則保持落後一步，這是調整指標的一種技巧。

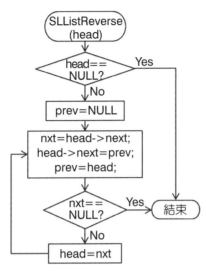

圖 A5-3　反轉單向連結串列

4. 假設此二欲串接之連結串列分別為 p 及 q，q 連結串列將串接到 p 連結串列之
後。若二者為單向連結串列，且 p 和 q 分別指向其首端，則採圖 A5-4 的演算
法；若二者為環狀連結串列，且 p 和 q 分別指向其尾端，則採圖 A5-5 的演算法。

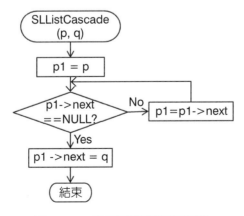

圖 A5-4　串接二單向連結串列

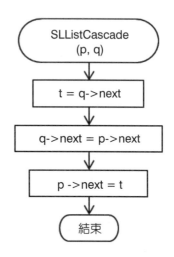

圖 A5-5　串接二環狀連結串列

5. 將一整個連結串列回收至節點池可以想像將它們串接到 AVAIL 連結串列的前方去即可，套用習題 4 的演算法，其中 p 所指的即為欲回收的連結串列，q 則換成 AVAIL。只是在結束之前要加上一條「AVAIL = p」讓 AVAIL 指向串接後的結果之第一個節點。

Chapter 6

1. p->LLink->ULink->LLink->data 為 3，p->ULink->LLink-> LLink->LLink ->ULink->data 為 1。請注意，在此表示法中，即使標頭節點也是串在一起的。

2. 圖 A6-1 演算法可以輸出類似於圖 6-1(b) 的資料格式，但除第一筆矩陣基本資料不能變之外，其他各筆資料的次序是依列與行值由大至小為序的。

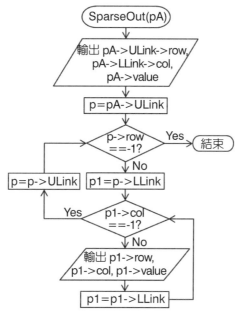

圖 A6-1　稀疏矩陣輸出

3. 節點改用 DLink（同一行向下連結）及 RLink（同一列向右連結），只是在此設計下連結似乎就沒有串成環狀的必要了。

Chapter 7

1. 令此二變數名稱為 x、y，依堆疊特性：最後進去的最早出來，稍加推論得知：

Push x, Push y, Pop x, Pop y

可達成使命。

2. 將變數值全推進堆疊，再對照題目要求來決定該彈出的變數次序。答案如下：

Push x, Push y, Push z, Pop y, Pop x, Pop z

3. 依序全部推入堆疊，再全部加以彈出即可。

4. 圖 A7-1 所示的是以連結串列實作堆疊的示意圖，對應的 Push 及 Pop 操作則繪製於圖 A7-2 及圖 A7-3 中。請注意，我們需要節點時便到節點池去要，要

習題參考解答

不到便宣告堆疊已滿。而在彈出資料後，不再需要的節點便歸還給節點池。
由此可見空間的使用效率十分良好，而且堆疊可以成長至容許空間全部耗盡
為止。當有數個堆疊（或是其他資料結構）要共享一個空間時，這是比較好
的作法，彼此可截長補短。

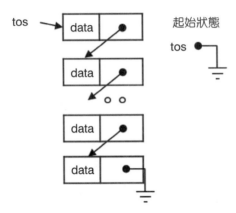

圖 A7-1　用連結串列實作堆疊

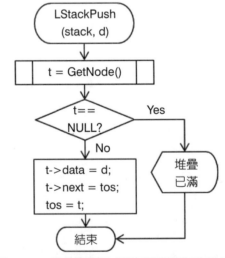

圖 A7-2　將資料推入連結串列實作的堆疊

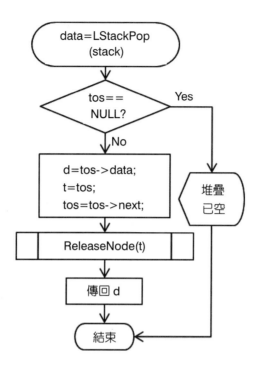

圖 A7-3　彈出連結串列實作的堆疊

5. 由 tos 的運作可知，tos 值加 1 便代表當時堆疊內的資料筆數，直接傳回此值即可。

6. 假設 0 號堆疊以 0 為底部往 N－1 方向成長，而 1 號堆疊以 N－1 為底部往 0 方向成長。以陣列 tos[] 記錄各堆疊之頂點，bot[] 記錄各堆疊之底部再往外推一格，dir[] 記錄各堆疊的成長方向。因此，初始狀態為：bot[0] = –1; tos[0] = –1; dir[0] = 1; bot[1] = N; tos[1] = N; dir[1] = –1。此時推入與彈出均需指定操作對象 stk（值為 0 或 1），推入演算法如圖 A7-4，d 為推入值，彈出演算法如圖 A7-5。

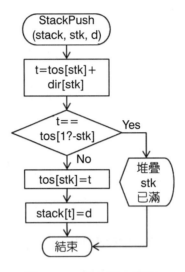

圖 A7-4 　推入指定堆疊

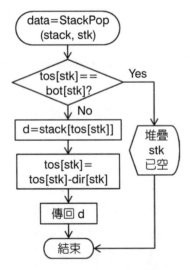

圖 A7-5 　彈出指定堆疊

Chapter 8

1. 為所有的運算子加上括號：

$(((a + b) * (c + (d * e)))/(f - g))$

將運算子移到其對應的右括號去：

a b + c d e * + * f g – /

2. 計算如下：

$$x\ y\ z + * z\ y\ x - + *$$
$$= 1\ \underline{2\ 3\ +}\ * 3\ \underline{2\ 1\ -}\ + *$$
$$= 1\ \underline{5\ *}\ 3\ \underline{1\ +}\ *$$
$$= \underline{5\ 4\ *}$$
$$= 20$$

3. 在圖 8-7 的演算法中增加一個和迷宮一樣維度的陣列 f[][]，當空格被收集進入堆疊中時，除了原來將 brd[][] 的值設為 –1 ③ 之外，也在 f[][] 對應的位置記錄它是被哪一個空格所收集的（也就是當下的 (r, c) 值）。到達出口時，循著 f[][] 的值，便可以回溯而將通路找出。在圖 A8-1 中，我們將上述機制加進去之後，重現了圖 8-8 的追蹤過程。此圖將 f[][] 的值顯示在「現在位置」一欄隔壁，並繪出了找出過關路徑的經過。

現在位置	f[][]	堆疊內容
		[(5, 5)]
(5, 5)		[(4, 5)]
(4, 5)	(5, 5)	[(3, 5)]
(3, 5)	(4, 5)	[(3, 4)]
(3, 4)	(3, 5)	[(3, 3)(2, 4)]
(3, 3)	(3, 4)	[(4, 3)(2, 4)]
(4, 3)	(3, 3)	[(4, 2)(2, 4)]
(4, 2)	(4, 3)	[(2, 4)]
(2, 4)	(3, 4)	[(1, 4)]
(1, 4)	(2, 4)	[(1, 3)]
(1, 3)	(1, 4)	[(1, 2)]
(1, 2)	(1, 3)	[(2, 2)]
(2, 2)	(1, 2)	[(2, 1)]
(2, 1)	(2, 2)	

圖 A8-1　找出過關路徑

習題參考解答

4. 由於騎士在四個方向均可能跨出二步，因此資料結構中除了棋盤範圍外，必須多圍一層二個元素厚的牆，如圖 A8-2 所示 。 因此棋盤宣告時，各個維度為 $2+8+2=12$。

	0	1	2	3	4	5	6	7	8	9	10	11
0	1	1	1	1	1	1	1	1	1	1	1	1
1	1	1	1	1	1	1	1	1	1	1	1	1
2	1	1									1	1
3	1	1									1	1
4	1	1									1	1
5	1	1									1	1
6	1	1									1	1
7	1	1									1	1
8	1	1									1	1
9	1	1									1	1
10	1	1	1	1	1	1	1	1	1	1	1	1
11	1	1	1	1	1	1	1	1	1	1	1	1

圖 A8-2　騎士用的棋盤資料結構

　　此外，根據騎士的運動模式，搭配式（4-8）便可訂出騎士的下一步之座標。

5. 負號與表中其他運算子不同的地方，除了它是一元運算子外，最重要的是它的結合性是由右至左，因此同一等級的運算符號在堆疊外還是要能推進堆疊去（由左至右的結合性則如課文所述，須讓先前進去的運算子出來）， 因此在堆疊外的優先權要略高於在堆疊內者。

次方的優先權和負號一樣，因此在表 8-1 中，將它和負號歸爲一組即可，圖 8-1 的演算法亦不需修改。$-2^{-3^{-4}}$ 的計算次序應爲（在此以 ^ 代表次方運算子）：$(-(2^{\wedge}(-(3^{\wedge}(-4)))))$，後序式爲 2 3 4 - ^ - ^ - 。

Chapter 9

1. 僅剩一筆資料 C。

2. 在後門上、前門下的模式中，乘客上下車比較偏向先上先下，車子像是個佇列；而在同一個門上下的模式中，則比較像先上後下，車子像是個堆疊。只有一個門的電梯特性也和只有一個門的公車一樣，因此下次你急著去什麼地方時，電梯來時先禮讓別人先上，你自己才有機會先下。

3. 連結串列實作的佇列概念圖如圖 A9-1 所示，其 Enqueue 指令及 Dequeue 指令的演算法分別請見圖 A9-2 及圖 A9-3。請注意，此時 front 所指的是佇列中的首端的一筆資料，而初值 front 和 rear 均設為 NULL。

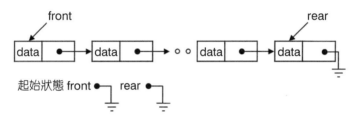

圖 A9-1　用連結串列實作佇列

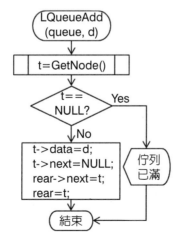

圖 A9-2　將資料加入連結串列實作的佇列

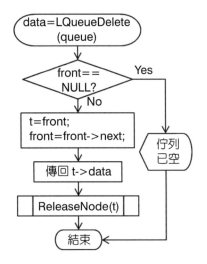

圖 A9-3　刪除連結串列實作的佇列之資料

4. 在田徑類比賽中，如果選手的實力過於懸殊的話，領先的選手可能在繞一圈後追上落後的選手。此時，如果沒有一個良好的記錄的話，將無法由場上的狀況判斷誰輸誰贏。

　環狀佇列的情形也和此類似。在課文的做法中，我們用 front == rear 這個條件是否成立來判斷佇列是否為空的。但在環狀佇列中，如果將所有空間全部填滿的話，這個條件便會成立，造成無法區別佇列為空或是為滿的情形。為了避免此情形的發生，front 所指的那個位置必須保留，不可存資料。換言之，環狀佇列必須犧牲一個儲存空間。

5. 總共有 4 次加入， 因此 rear 值 = (5 + 4) mod 8 = 1 ；有 3 次刪除，front 值 = (5 + 3) mod 8 = 0 。

Chapter 10

1. 走迷宮並不是個獨特的個案，許多採用堆疊的演算法換成佇列不僅功能依舊，效率也有可能更佳。反之亦然，建議您在設計演算法時，大膽嘗試一下。將圖 8-7 所示採用堆疊的演算法改成使用佇列，並以圖 8-6 所示的迷宮測試後，執行過程如圖 A10-1 所示。

現在位置	佇列內容
	[(5, 5)]
(5, 5)	[(4, 5)]
(4, 5)	[(3, 5)]
(3, 5)	[(3, 4)]
(3, 4)	[(2, 4)(3, 3)]
(2, 4)	[(3, 3)(1, 4)]
(3, 3)	[(1, 4)(4, 3)]
(1, 4)	[(4, 3)(1, 3)]
(4, 3)	[(1, 3)(4, 2)]
(1, 3)	[(4, 2)(1, 2)]
(4, 2)	[(1, 2)]
(1, 2)	[(2, 2)]
(2, 2)	[(2, 1)]
(2, 1)	

圖 A10-1　使用佇列走迷宮

到第 13 章討論圖形的走訪時，你便可發現其實這二者都是圖形走訪的不同策略，一個是深度優先，另一個是廣度優先。

2. 僅提示大略的構想，細節留給讀者做練習。先將輸入串列全存入佇列中，此時可知字元個數 n，將 $\left\lfloor \dfrac{n}{2} \right\rfloor$ 個字元由佇列取出推入堆疊中。如果 n 為奇數，再由佇列取出一個輸入字元丟掉，接著分別由堆疊和佇列依序各取出一個字元進行比對，直到二個資料結構同時為空為止。中間只要有任何一個字元不同就不是迴文，否則即是迴文。

Chapter 11

1. 樹根的選擇有 3 種，這裡先挑 A 為例。剩下的二個節點可以有三種不同的組合：由左至右 B-C 、 C-B ， 或是 BC 再形成一棵樹。BC 形成一棵樹又有二種可能：B 為樹根或是 C 為樹根。

習題參考解答

以 A 為樹根的可能圖形組合請見圖 A11-1。所有的組合數為 3 * (2 + 2) = 12 種。

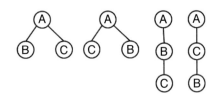

圖 A11-1　三個節點的有序樹

2. 本題的推導和前一題一樣，只是此時 BC 組合中的 B-C 和 C-B 將視為相同，以 A 為樹根的形狀組合如圖 A11-2 所示。因此答案為 3 * (1 + 2) = 9 種。

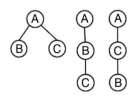

圖 A11-2　三個節點的有根樹

3. 圖 A11-2 所繪出的三棵樹的形狀在自由樹中均視為相同，唯一的不同點只是誰夾在另二個節點之間而已。因此總共只有 3 種不同的自由樹。

4. 每個節點，除了根節點之外，均有一個來自其上一代的連結指向它，因此實際有用到的連結數為 n − 1。

n 個節點，各節點有 k 個連結，故連結總數為 n * k。

綜合上述二點可知，浪費未用的連結欄位數有 n * k − (n − 1) = n * k − n + 1。

5. 承續上題，在二元樹中，k = 2，因此值為 NULL 的連結數為 2 * n − n + 1 = n + 1，恰好過半。

6. 除了根節點之外，樹中的每個節點都有一個父節點，因此對於具有 n 個節點的樹而言，其邊的數量為 n − 1。

7. 同上題，一棵樹中的父節點數（也就是邊數）有 n − 1；

從「父 — 子關係對」的子節點端數目來看，子節點數（也是邊數）應該有 n_1

$+ 2 * n_2$ 這麼多；

總節點數為 $n_0 + n_1 + n_2 = n$；

因此，邊數 $= n - 1 = n_0 + n_1 + n_2 - 1 = n_1 + 2 * n_2$；

亦即，$n_0 = n_2 + 1$。

8. 彙整如表 A11-1。事實上這項比較大部分來自於陣列與連結串列的比較，實際設計考量，仍需偏重程式中的操作應用需求。

表 A11-1　二元樹表示法比較

	優點	缺點
陣列表示法	1. 樹的成長越平衡時，空間利用越充分。 2. 容易取得任一節點的父、子及兄弟節點，因此適合追蹤操作。	1. 樹的成長越偏向一方時，空間越浪費。 2. 節點之增刪較麻煩。
連結串列表示法	1. 節點數與樹的形狀無關。 2. 節點的增刪較容易。	1. 所有連結中，半數以上是空連結。 2. 連結本身便增加空間需求。 3. 不易找到一個節點的父節點和兄弟節點。

9. $n_2 = 10$，$n_0 = n_2 + 1 = 11$。

10. 樹、林、二元樹三者定義的比較，請見表 A11-2。

表 A11-2　樹、林、二元樹的定義比較

	樹	林	二元樹
節點最低數目	1	0	0
子樹間的次序	可能有次序，參見習題 1 和 2	可能有次序，考量點和樹一樣	嚴格區分左右子樹
子樹枝幹畫法	保持彼此的左右相對次序即可	保持彼此的左右相對次序即可	必須能明確區分其為左子樹或是右子樹，尤其在只有一個子樹時

11. 有如圖 A11-3 所示的 5 種型態。

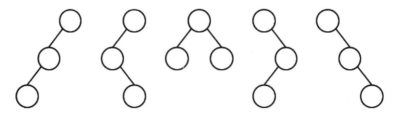

圖 A11-3　三個節點二元樹的可能型態

12. 階序走訪演算法如圖 A11-4 所示。

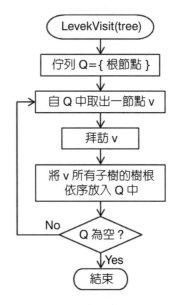

圖 A11-4　階序走訪

Chapter 12

1. 針對集合的處理，有幾點可以改進，這邊僅舉出其一。每次歸依到其他樹根下面去時，因為上面多罩了一層，帶過去的整棵樹上的每個節點的深度便會加一。因此，應該讓受影響的節點越少越好。所以二樹要合併時，應讓節點數量較多的樹根擔任最後的樹根。至於各樹節點的數量可以用負值儲存於樹

根節點的 boss 欄位中。加上此點改進的聯集演算法如圖 A12-1 所示。

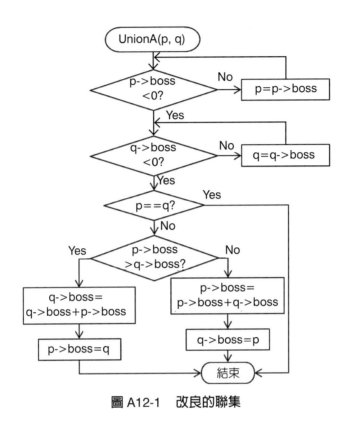

圖 A12-1　改良的聯集

2. 逐項加入資料建立最小累堆形狀如圖 A12-2 所示。

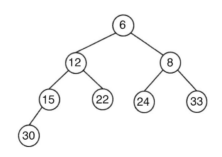

圖 A12-2　最小累堆例

習題參考解答

3. 因為這是最小累堆，取出的元素自然是資料中的最小值，也就是 6。取出後重整的最小累堆形狀如圖 A12-3 所示。

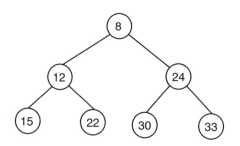

圖 A12-3　圖 A12-2 的最小累堆取出一個元素之後的形狀

4. 逐筆加入資料完成的二元尋樹如圖 A12-4 所示。

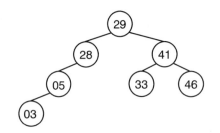

圖 A12-4　二元搜尋樹例

5. 在圖 A12-4 的二元搜尋樹中尋找 33 需比較：29、41、33，共 3 次。

6. 以「Hello World-Wide-Web!」這段訊息為例，分析各個符號的可能值與出現次數如下表（字母不分大小寫）：

符號	b	d	e	h	i	l	o	r	w	（空格）	-	!
次數	1	2	3	1	1	3	2	1	3	1	2	1

根據此表，以圖 A12-5(a) 的節點結構建立各資料的節點。在圖 A12-5(b) 中

這些節點以實線的邊加以表示，各節點旁的數據為該節點的出現次數。請注意，在此圖中「空格」以「_」符號代替。

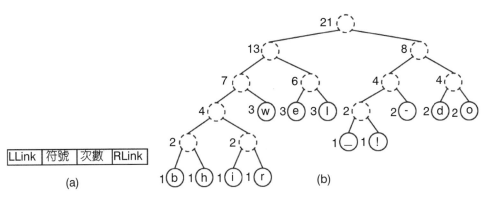

圖 A12-5　霍夫曼樹例：(a) 節點結構；(b) 連結示意圖

從所有節點中，挑出次數值最小的二個，建立一個新的節點作為它們的父節點，其次數欄位值為二子節點之和。完成後，此新節點納入往下的挑選中，而其子節點則不再納入。重複這個動作，直到只剩一個節點為止。此時建立的二元樹便如圖 A12-5 所示，圖中虛線邊的節點為演算法所建。

這段演算法很容易用最小累堆來完成。先將所有的節點以其次數為鍵值全部放入最小累堆中。重複如下的動作，直到累堆中僅剩一個節點為止。從累堆中取出二個節點，新增一個節點作為它們的父節點，且次數值為它們的次數值和，再將此新節點加入累堆中。

最後，由樹根開始逐步往下，往左子樹添一個 0，往右子樹則添一個 1，直到葉節點為止。這個逐步添補出來的串列便是該子節點符號的編碼。本段演算法可用樹的走訪來實作。本例的結果如圖 A12-6 所示。

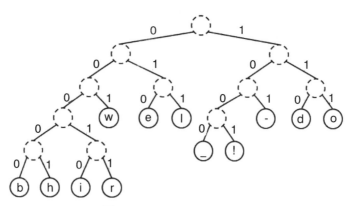

圖 A12-6　霍夫曼編碼圖

得到霍夫曼「不同長度的編碼表」如下表：

符號	b	d	e	h	i	l	o	r	w	(空格)	-	!
編碼	00000	110	010	00001	00010	011	111	00011	001	1000	101	1001

因此，訊息「Hello World-Wide-Web!」的編碼爲：

00001010011011111100000111100011011110101001000101100101010010100000
01001

若原先的訊息以 ASCII 碼傳送，將需要 21 * 8 = 168 個位元，使用 Huffman
編碼後，只需要 73 個位元。

Chapter 13

1. 尤拉經由七橋問題的研究，提出了他的發現：圖形中所有頂點的分支度均爲
偶數時，才能由任何一點出發，每個橋均恰好走過一遍後回到原出發點（如
此形成的路徑稱爲「尤拉循環」）；如果頂點中只有一者分支度爲奇數，則
該點一定只能擔任出發點或是結束點，不能二者得兼；如果有二個頂點的分
支度爲奇數，則出發點一定是這二個頂點中的一個，而另一者必定爲結束點
（如此形成的路徑稱爲「尤拉鏈」）；除了上述情況下，要求的旅行均不可能
完成。

或許尤拉的這項發現並不難理解，任何一個頂點，如果和它相連的邊只能走一次，則頂點一進一出便須耗掉二個邊，如果該頂點希望能自由進出的話，連在點上的邊數（也就是該頂點的分支度）便須偶數才行。

因此，此題可用一筆畫完成的圖形為 (a)、(c)、(d)。

2. 邊的第一個頂點有 5 種選擇，第二個頂點有 4 種選擇，共有 5 * 4 = 20 種不同的組合，故有向圖形有 20 個邊。無向圖形則因沒有方向性，AB 邊等於 BA 邊，故其數目減半。

3. 圖形表示法如圖 A13-1 所示。

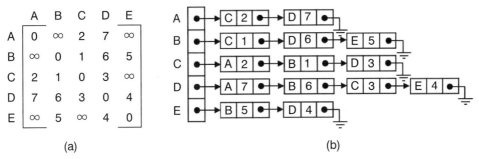

圖 A13-1　圖形的表示法：(a) 相鄰矩陣；(b) 相鄰串列

4. 圖形如圖 A13-2 所示。

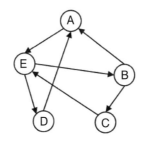

圖 A13-2　一個有向圖形

5. 廣度優先走訪各頂點的走訪次序為：A-C-D-B-E。

6. 深度優先走訪各頂點的走訪次序為：A-D-E-B-C 或 A-C-B-D-E。

習題參考解答

請注意，這邊有一個問題在許多書中似乎沒有說清楚，甚至有誤導的情形，我們逐步來說明這個問題的緣由。

在進行圖形走訪時，面臨數個可供選擇的「下一步」該如何抉擇，在許多書甚至考題中大多沒有說明。而在這些書或考題的答案中，我們發現它們都是採用「次序較低的」優先的原則（例如：如果頂點標號是數字，則數字較少的先輸出；若是英文字母，則依字母次序輸出）。在資料結構的設計中，我們在編寫圖形的相鄰矩陣或是相鄰串列也大多採用此次序，而且在寫程式讀取這些資料結構的元素時，索引值也大多是由小而大，因此這種作法問題似乎不大。

然而，在深度優先走訪時，採用的資料結構是堆疊，若依前述的原則來「處理」面臨的選擇，則次序低的先被推入堆疊，迴圈下一回合被彈出的應該是最後推入的較高次序者。這便產生和前述方法完全不同的結果。甚至有些書在作深度優先走訪的分解動作說明時，文字寫的是「輸出 A 點後，將 A 點相鄰的 B、C、D 頂點放入堆疊」，而圖形中畫出的堆疊頂端元素卻是 B。

這個問題的癥結點在於，看圖說故事和演算法未真正連結。因此，你將書上範例中的圖輸入書所附的程式，跑出來的結果和書上說的完全不同。

在此例中，若你嚴格遵循演算法做處理，廣度優先的走訪次序爲「A-D-E-B-C」；若你只是依循「廣度優先」的原則，而依節點值爲輸出序，走訪次序則爲「A-C-B-D-E」。

7. 由於相鄰矩陣左側的編號代表邊的出發頂點，上方的編號代表邊的進入頂點，因此，對於無向圖形而言：

(1) 列 i 或行 i 中有意義值（無權重圖形爲 1，有權重圖形則是非對角線上的非 ∞ 之值）的個數便是其分支度。

而對於有向圖形來說：

(1) 列 i 中有意義值（同上）的個數爲其出分支度。

(2) 行 i 中有意義值（同上）的個數則是其入分支度。

相鄰串列在求分支度上則比較麻煩一些：

(1) 無向圖形的分支度或是有向圖形的出分支度：計算頂點所對應的標頭節點後方所串接的節點數目。如果這個值常用到的話，可以在標頭節點闢一欄

位儲存它。

(2) 有向圖形的入分支度：更麻煩，需掃瞄所有的串列，計算一個頂點在所有串列中出現的總次數便是其入分支度。

8. 過程略，最小生成樹如圖 A13-3 所示，其成本為 44。

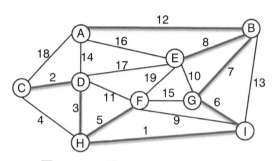

圖 A13-3　圖 E13-4 的最小生成樹

9. 以空間複雜度而言，相鄰矩陣為 $O(v^2)$，其中 v 為頂點個數；而相鄰串列為 $O(v + e)$，其中 e 為邊數。就時間複雜度而言，許多演算法均針對邊進行處理，因此演算法中常需掃瞄整個相鄰矩陣才能取出所有的邊，時間複雜度為 $O(v^2)$。類似演算法若使用相鄰串列，其時間複雜度便變成 $O(v + e)$。圖形追蹤演算法步驟❷中收集所有的相鄰頂點便是一例。一般而言，除非邊的數量十分稠密，否則 $O(v + e)$ 還是優於 $O(v^2)$。

以上所述只是就執行效率分析而論，不同的操作可能有不同的考量（參閱本章習題 7）。

10. 在 Prim's 演算法中，隨時維持一棵成長中的最小成本生成樹 MST，而其頂點均收集在集合 S 中。為了成長，演算法「自 S 向外連接的邊中」找出一個合適的邊來加入。由於此時納入考慮的邊都是由屬於 S 的頂點往外（向非屬於 S 的頂點）連接的，被連到的這個在外的頂點既然不屬於 S，它原先就不會有其他路徑通到 S 內的頂點，再加入一條邊自然也不會形成迴路了。

11. 當一個邊被挑中加入 MST 時，它兩個端點便進行聯集。要檢查加入一個邊會不會造成迴路，便是檢查其二個端點是不是在同一棵樹上，也就是它們是否屬於同一個集合。12.1 節所介紹的集合運算在此便可派上用場。事實上，該

習題參考解答

章圖 12-3 所示的便對應至圖 13-17 的 MST 建構過程。

12. 圖形的廣度優先走訪（圖 13-9）和二元樹的階序走訪（圖 A11-4）很類似，而圖形的深度優先走訪（圖 13-11）則和二元樹的前序走訪（圖 11-10）類似。前述的類似演算法對於「下一步」的選擇都使用類似的策略，因此在實作的演算法中便採用相同的資料結構。只是在樹的定義中，二節點間一定恰有一個路徑，因此不會有經由不同的路徑而走到同一個節點的情形，因此也就不須記錄一個節點是否已處理過之類的資訊。圖形頂點的走訪在這類的記錄則很重要。

Chapter 14

1. 最短路徑的資訊其實已包含於計算之中，只是我們沒有加以記錄而已。演算法該作如下的修改：

   (1) 增加一個陣列 f[i]，i = 1, 2, …, n 記錄頂點 i 的最短距離值 D[] 來自何方；

   (2) f[] 的所有元素初值均設為 s；

   (3) 找到可以縮短成本的中介轉運接點 v 時，除了原先的修正 D[w] 陣列值外，亦同時在 f[w] 中記下中介轉接點 v；

   (4) 完成計算後，要知道任何一點和出發點之間的最短路徑時，把該頂點的 f[] 當作連結，一路追回至出發點即可。

2. 過程表格整理如下（表格內容為「D[]/f[]」）：

A	B	C	D	E	F	G	H	K	L	M	T
5/S	5/S	∞/S	∞/S	1/S	∞/S	∞/S	∞/S	∞/S	∞/S	5/S	∞/S
5/S	5/S	∞/S	∞/S	1/S	8/E	∞/S	∞/S	∞/S	∞/S	5/S	∞/S
5/S	5/S	10/A	∞/S	1/S	8/E	∞/S	∞/S	11/A	∞/S	5/S	∞/S
5/S	5/S	10/A	∞/S	1/S	8/E	9/B	∞/S	11/A	9/B	5/S	∞/S
5/S	5/S	10/A	∞/S	1/S	8/E	9/B	∞/S	11/A	7/M	5/S	∞/S
5/S	5/S	10/A	∞/S	1/S	8/E	8/L	∞/S	11/A	7/M	5/S	∞/S
5/S	5/S	10/A	∞/S	1/S	8/E	8/L	∞/S	9/F	7/M	5/S	∞/S
5/S	5/S	10/A	11/G	1/S	8/E	8/L	∞/S	9/F	7/M	5/S	∞/S

A	B	C	D	E	F	G	H	K	L	M	T
5/S	5/S	10/A	11/G	1/S	8/E	8/L	11/K	9/F	7/M	5/S	∞ /S
5/S	5/S	10/A	11/G	1/S	8/E	8/L	11/K	9/F	7/M	5/S	∞ /S
5/S	5/S	10/A	11/G	1/S	8/E	8/L	11/K	9/F	7/M	5/S	17/D
5/S	5/S	10/A	11/G	1/S	8/E	8/L	11/K	9/F	7/M	5/S	14/H

最短路徑為 S-E-F-K-H-T，距離為 14。

3. 演算法完成步驟一及二之後，得出位於關鍵路徑的頂點如圖 A14-1。

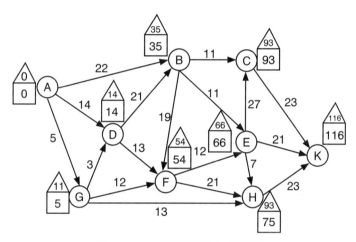

圖 A14-1　關鍵路徑上的頂點

接著進行步驟三（僅需計算與關鍵頂點相鄰的邊）：

作業	<A,B>	<A,D>	<B,C>	<B,E>	<B,F>	<C,K>	<D,B>	<D,F>	<E,C>	<E,K>	<F,E>
ES[]	0	0	35	35	35	93	14	14	66	66	54
LF[]	35	14	93	66	54	116	35	54	93	116	66
配置時間	35	**14**	58	31	**19**	**23**	**21**	40	**27**	50	**12**
持續時間	22	**14**	11	11	**19**	**23**	**21**	13	**27**	21	**12**

可知關鍵路徑為：A-D-B-F-E-C-K，長度為 116。

4. 拓樸排序圖如圖 A14-2 所示，所有的箭頭均朝同一個方向。由圖可知拓樸排序有 D-A-B-G-E-F-C、D-A-B-G-F-E-C、及 D-A-B-G-F-C-E 等三種。

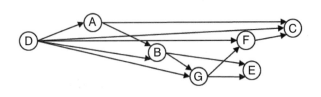

圖 A14-2　一個拓樸排序圖

5. (1)此需求即是要建立最低成本生成樹，答案如圖 A14-3 所示。

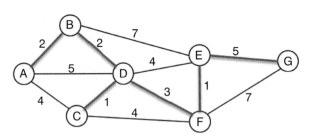

圖 A14-3　最低成本生成樹

(2)本需求是要求出由工作站（頂點 A）前往各觀測點（其他頂點）的最短路徑。首先將圖形轉成相鄰矩陣如圖 A14-4(a)；接著套用習題解答 2 的演算法求解，過程與結果如圖 A14-4(b)；最後由 f[] 陣列繪出交通骨幹如圖 A14-4(c)，其中頂點旁的數字即為其和工作站間的最短距離。

	A	B	C	D	E	G	G
A	0	2	4	5	∞	∞	∞
B	2	0	∞	2	7	∞	∞
C	4	∞	0	1	∞	4	∞
D	5	2	1	0	4	3	∞
E	∞	7	∞	4	0	1	5
F	∞	∞	4	3	1	0	7
G	∞	∞	∞	∞	5	7	0

(a)

D[B]/f[B]	D[C]/f[C]	D[D]/f[D]	D[E]/f[E]	D[F]/f[F]	D[G]/f[G]
2/A	4/A	5/A	∞ /A	∞ /A	∞ /A
2/A	4/A	4/B	9/B	∞ /A	∞ /A
2/A	4/A	4/B	9/C	8/C	∞ /A
2/A	4/A	4/B	8/D	7/D	∞ /A
2/A	4/A	4/B	8/D	7/D	14/F
2/A	4/A	4/B	8/D	7/D	13/E
2/A	4/A	4/B	8/D	7/D	13/E

(b)

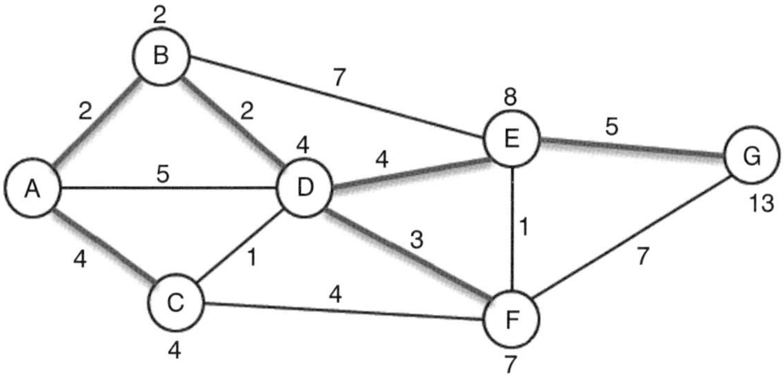

(c)

圖 A14-4　計算最短路徑：(a) 相鄰矩陣；(b) Dijkstra's 演算法求解；(c) 最短路徑解

習題參考解答

Chapter 15

1. 各種排序法之比較分析整理如表 A15-1，以下補充說明幾項特殊部分。

氣泡排序法的最佳表現在資料本身已經排序時，此時每趟掃瞄均不需要做資料互換的動作；最差的表現出現在資料恰以相反的次序排序時，此時每趟掃瞄中的各次比對都要進行資料互換。然而由演算法分析最佳、平均、最差的時間效率均為 $O(n^2)$，前述的效率差異僅在於是否要做資料互換而已。此演算法可以再做進一步改良，只要在任一趟掃瞄時發現沒有做任何的資料互換動作，即表示資料已排序完成，往下的掃瞄均可省略。此時，本演算法的最佳效率可以達到 $O(n)$。

選擇排序法的比較次數和原始資料的次序無關。

插入排序法在原始資料已排序時，由於全部資料僅需掃瞄一次，每次掃瞄又僅需比對一次，此時的時間效率為 $O(n)$。

若是僅看「最佳狀態」一欄，可以發現表現最佳的是氣泡排序法及插入排序法（薛耳排序法的時間複雜度表現不錯，但它是不穩定排序法），而且它們的最佳狀態均發生於原資料已排序時。因此，如果資料本身已經有大略的次序存在，使用此二排序法可能是最佳選擇。

表 A15-1　排序演算法之時間效率分析

排序法	最佳狀態	平均狀態	最差狀態	特色
氣泡排序法	$O(n)$：原資料已排序	$O(n^2)$	$O(n^2)$：原資料排序與所求恰相反	穩定
選擇排序法	$O(n^2)$：原資料已排序	$O(n^2)$	$O(n^2)$	不穩定
插入排序法	$O(n)$：原資料已排序	$O(n^2)$	$O(n^2)$：原資料排序與所求恰相反	穩定
薛耳排序法	$O(n)$：原資料已排序	$O(n(\log_2 n)^2)$	$O(n^2)$：原資料排序與所求恰相反	不穩定
快速排序法	$O(n\log_2 n)$：選到的基準值恰為中位值。此時的空間複雜度為 $O(n\log_2 n)$。	$O(n\log_2 n)$	$O(n^2)$：原資料排序與所求恰相同或相反。此時的空間複雜度為 $O(n)$。	1. 不穩定 2. 遞迴呼叫需額外空間

排序法	最佳狀態	平均狀態	最差狀態	特色
累堆排序法	O(nlog₂n)	O(nlog₂n)	O(nlog₂n)	不穩定
合併排序法	O(nlog₂n)	O(nlog₂n)	O(nlog₂n)	1. 穩定 2. 可用於外部排序 3. 需額外空間 O(n)
基數排序法	O((n+ 基數)* 位數)	O((n+ 基數)* 位數)	O((n+ 基數)* 位數)	1. 穩定 2. 需額外空間 O(n* 基數)

2. 請注意，本題要求的排序規則是由大至小，因此書中介紹的演算法也要相對應修改，一般的原則是：

(1) 比較式中原先為「<」者，改為「>」，反之亦同。

(2) 累堆排序原採用「最大累堆」改為使用「最小累堆」。

(3) 合併排序中，除比較式中的「<」或「>」改變如 (1) 外，佇列合併時的次序也要顛倒，先 Q[9]，再 Q[8]，…，最後 Q[0]。

各種排序法之運算過程詳列如下諸表：

(1) 氣泡排序法

1	2	3	4	5	6
20	14	34	09	18	28
20	34	14	18	28	09
34	20	18	28	14	09
34	20	28	18	14	09
34	28	20	18	14	09
34	28	20	18	14	09

習題參考解答

(2) 選擇排序法

1	2	3	4	5	6
20	14	34	09	18	28
34	14	20	09	18	28
34	*28*	20	09	18	14
34	*28*	*20*	09	18	14
34	*28*	*20*	*18*	09	14
34	*28*	*20*	*18*	*14*	09

(3) 插入排序法

1	2	3	4	5	6
20	14	34	09	18	28
20	14	34	09	18	28
34	20	14	09	18	28
34	20	14	09	18	28
34	20	18	14	09	28
34	*28*	*20*	*18*	*14*	*09*

(4) 累堆排序法

1	2	3	4	5	6
20	14	34	09	18	28
20	14	34	09	18	28
14	**20**	34	09	18	28
14	**20**	**34**	09	18	28
09	**14**	**34**	**20**	18	28
09	**14**	**34**	**20**	**18**	28

1	2	3	4	5	6
09	**14**	**28**	**20**	**18**	**34**
14	**18**	**28**	**20**	**34**	*09*
18	**20**	**28**	**34**	*14*	*09*
20	**34**	**28**	*18*	*14*	*09*
28	**34**	*20*	*18*	*14*	*09*
34	*28*	*20*	*18*	*14*	*09*
34	*28*	*20*	*18*	*14*	*09*

(5)快速排序法

1	2	3	4	5	6
20	14	34	09	18	28
34	28	20	09	18	14
34	28	20	14	18	*09*
34	28	20	18	*14*	09
34	*28*	*20*	*18*	*14*	*09*

(6)合併排序法

1	2	3	4	5	6
<u>20</u>	<u>14</u>	<u>34</u>	<u>09</u>	<u>18</u>	<u>28</u>
20 14		34 09		28 18	
34 20 14 09				28 18	
34 28 20 18 14 09					

(7)基數排序法

1	2	3	4	5	6
20	14	34	09	18	28
	Q[0]	20			

1	2	3	4	5	6
	Q[1]				
	Q[2]				
	Q[3]				
	Q[4]	14	34		
	Q[5]				
	Q[6]				
	Q[7]				
	Q[8]	18	28		
	Q[9]	09			
09	**18**	**28**	**14**	**34**	**20**
	Q[0]	09			
	Q[1]	18	14		
	Q[2]	28	20		
	Q[3]	34			
	Q[4]				
	Q[5]				
	Q[6]				
	Q[7]				
	Q[8]				
	Q[9]				
34	*28*	*20*	*18*	*14*	*09*

3. 在二元搜尋樹的內部，資料已經完成排序，剩下的問題只是如何將它們依序線性輸出而已。整個工作很簡單，先將資料輸入以建立二元搜尋樹，然後再對此二元搜尋樹進行中序走訪，各節點的走訪序便是由小至大的排序結果。

Chapter 16

1. 各搜尋法之比較分析整理如表 A16-1。

表 A16-1　搜尋演算法之時間效率分析

演算法	最佳狀況	平均狀況	最差狀況	特色
循序搜尋法	O(1)：第一筆即為所求	O(n)	O(n)：最後一筆才是所求	1. 資料不須先排序 2. 可用於外部搜尋
二元搜尋法	O(1)：中間那一筆即是所求	O(log₂n)	O(log₂n)：第一筆及最後一筆是二例	資料須先排序
內插搜尋法	O(1)：依公式求出位置第一筆即是所求	O(log₂n)	O(n)：絕大部分的資料集中於一端，而有極少數資料位於相反的另一端（參見習題 2）	1. 資料須先排序 2. 資料分布越均勻，效率越佳 3. 對於資料的內容必須有所了解
搜尋樹搜尋法	O(1)：樹根值即為所求	O(log₂n)	O(n)：樹往同一邊成長，而所求在葉節點	1. 建二元搜尋樹需要時間以及（可能需要）額外的空間 2. 適合處理動態資料，也就是資料會隨著搜尋工作而有所改變的場合

2. 各搜尋法之運算過程如下列諸表：

(1) 循序搜尋法

1	2	3	4	5	6	7	8	9	10
1	2	3	4	5	6	7	8	9	100
1	**2**	3	4	5	6	7	8	9	100
1	2	**3**	4	5	6	7	8	9	100
1	2	3	**4**	5	6	7	8	9	100
1	2	3	4	**5**	6	7	8	9	100
1	2	3	4	5	**6**	7	8	9	100
1	2	3	4	5	6	**7**	8	9	100

習題參考解答

1	2	3	4	5	6	7	8	9	10
1	2	3	4	5	6	7	**8**	9	100
1	2	3	4	5	6	7	8	**9**	100

(2) 二元搜尋法

1	2	3	4	5	6	7	8	9	10
1	2	3	4	**5**	6	7	8	9	100
1	2	3	4	5	6	7	**8**	9	100
1	2	3	4	5	6	7	8	**9**	100

(3) 內插搜尋法

1	2	3	4	5	6	7	8	9	10	說明
1	2	3	4	5	6	7	8	9	100	l=1, h=10, g=1
1	**2**	3	4	5	6	7	8	9	100	l=2, h=10, g=2
1	2	**3**	4	5	6	7	8	9	100	l=3, h=10, g=3
1	2	3	**4**	5	6	7	8	9	100	l=4, h=10, g=4
1	2	3	4	**5**	6	7	8	9	100	l=5, h=10, g=5
1	2	3	4	5	**6**	7	8	9	100	l=6, h=10, g=6
1	2	3	4	5	6	**7**	8	9	100	l=7, h=10, g=7
1	2	3	4	5	6	7	**8**	9	100	l=8, h=10, g=8
1	2	3	4	5	6	7	8	**9**	100	l=9, h=10, g=9

由以上諸表分析可知，循序搜尋法要做 9 次比較，二元搜尋法要做 3 次比較，而內插搜尋法也做了 9 次的比較。由於內插搜尋法還要計算內插值，並做遞迴呼叫，因此在此例中，不論就時間或是空間分析，內插搜尋法都比不上循序搜尋法。此資料串列的特色是有一個值特別遠離其他的值，而其他的值又相當的靠近，導致每次的分割都只能減去一項。

3. 如果資料是在你的掌握中，也就是你可以對資料的排列進行任意調度的話，可以在每次作完搜尋之後，立即將搜尋到的目標往前移動幾個位置。一段時間之後，資料的排序將變成越常使用的排在越前面，搜尋效率也可提升得很高。最簡單的例子是中文注音輸入法同音異字的排序，越常被選用的字會逐步排到越前面來。

4. 針對其他值作搜尋的結果，首次的 g 值以及完成搜尋所需的步驟數如下：

搜尋對象	首次 g 值	需要的步驟數
03	1	1
07	1	2
24	4	2
25	4	1
31	5	2
37	7	1

由此表可看出，一半的值僅需一步即完成，其他的值則需二步。有意思的是，如果將圖 16-6 中 g 的公式 ① 改成四捨五入，則所有的資料均可以在第一時間找到。如何作四捨五入呢？只要在原公式中先加上 0.5 再取整數即可，亦即 $g = \left\lfloor 1 + \dfrac{k - A[1]}{A[h] - A[1]} * (h - l) + 0.5 \right\rfloor$。

國家圖書館出版品預行編目資料

秒懂資料結構／施保旭著. ──初版. ──臺
北市：五南, 2016.01
　　面；　公分
ISBN 978-957-11-8458-6（平裝）

1.資料結構

312.73　　　　　　　　104028318

5DJ9

秒懂資料結構

作　　者 ─ 施保旭

發 行 人 ─ 楊榮川

總 經 理 ─ 楊士清

主　　編 ─ 王者香

責任編輯 ─ 許子萱

封面設計 ─ 小小設計有限公司

出 版 者 ─ 五南圖書出版股份有限公司

地　　址：106台北市大安區和平東路二段339號4樓

電　　話：(02)2705-5066　　傳　　真：(02)2706-6100

網　　址：http://www.wunan.com.tw

電子郵件：wunan@wunan.com.tw

劃撥帳號：01068953

戶　　名：五南圖書出版股份有限公司

法律顧問　林勝安律師事務所　林勝安律師

出版日期　2016年1月初版一刷
　　　　　2017年8月初版二刷

定　　價　新臺幣450元

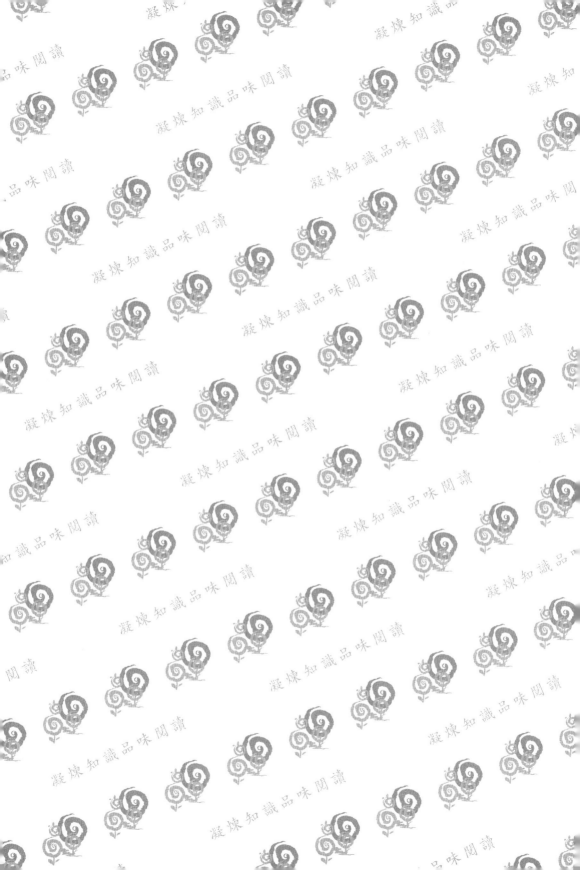